LE VIGNERON ALGÉRIEN

par

M. BORGEAUD et A. BARBIER

LAURÉATS DU CONCOURS

VITICULTURE .... MM. BORGEAUD
VINIFICATION .... BARBIER

(Gravures par S. LÉON, graveur à Alger.)

Prix : 1 fr. 50

EN VENTE

GUIDE PRATIQUE

DU

VIGNERON ALGÉRIEN

PAR

MM. BORGEAUD ET A. BARBIER

LAURÉATS DU CONCOURS

VITICULTURE.......... MM. BORGEAUD.
VINIFICATION .... BARBIER.

(Gravures par S. LÉON, graveur à Alger.)

Prix: 1 fr. 50

EN VENTE:

AU COMICE AGRICOLE D'ALGER | CHEZ LES PRINCIPAUX LIBRAIRES

1886

PREMIÈRE PARTIE

VITICULTURE

1° Des cépages.

La question des cépages est une des plus importantes de la viticulture. On connaît aujourd'hui un nombre infini de cépages divers, au moins de 1,500 à 2,000.

Au Jardin d'Essai, il existe une collection d'environ 1,400 cépages.

Les cépages ou variétés de vigne se forment principalement par semis, et ils se conservent et se propagent par boutures.

Les propriétés des cépages sont si différentes et tellement tranchées, que le succès d'un vignoble, soit pour la qualité des produits, soit pour leur abondance, dépend principalement des espèces dont il est complanté.

Si le climat et le sol font subir aux cépages leur influence, le cépage à son tour exerce sur le vin une action toute particulière et dont il ne peut s'affranchir.

C'est sous l'action du climat, du sol, et particulièrement du cépage, que chaque vignoble a son caractère. Le viticulteur ne peut rien sur le climat, sur le sol ; mais il peut choisir le cépage. Cela est tellement vrai qu'un certain nombre de vins, quel que soit l'endroit d'où ils proviennent, conservent toujours un cachet particulier.

Aujourd'hui, on ne met plus en doute l'importance du cépage dans la qualité des vins : ainsi les bons vins de Bourgogne sont faits avec du pineau ; ceux de Bordeaux sont faits avec des carbenets.

Cependant on ne peut pas toujours produire d'excellent vin en cultivant des cépages renommés, attendu que le sol et le climat y sont pour quelque chose.

Il en est de même pour la quantité : pour l'obtenir il faut toujours recourir à certains cépages qui donnent beaucoup (aramon, gamais, etc.).

Les bonnes variétés de vignes, le bon choix de cépages sont une richesse pour le viticulteur ; aussi doit-il les étudier avec soin et se créer une pépinière ou collection de cépages afin de savoir quels sont ceux qui réussissent le mieux dans sa localité et qui y donnent les meilleurs résultats.

2º Cépages pour production de vin rouge à recommander en Algérie.

1º *Aramon.* — L'aramon ou plant riche, ou ugni-noir, ou pisse-vin. C'est le plus fécond de tous les cépages à raisin noir. Il donne facilement 100 hectolitres à l'hectare dans les terres de qualité moyenne, et dans les bonnes terres, si on ajoute de l'engrais, son produit peut s'élever jusqu'à 300 hectolitres. Le vin d'aramon est grossier quand on le récolte en plaine. Il devient meilleur quand il est produit sur les coteaux.

Autrefois les vins d'aramon, surtout ceux de plaine, passaient tous à la chaudière pour être distillés ; mais depuis l'invasion du phylloxéra et de tous les fléaux qui s'abattent sur la vigne, il entre dans la consommation directe et, grâce surtout au vinage, il peut se conserver et se transporter au loin.

L'aramon est sujet à être endommagé par les gelées blanches, parce qu'il pousse de bonne heure. Il est peu sujet à la coulure, mais sujet à l'anthracnose ou charbon. Le soufrage peut atténuer cette maladie.

L'aramon craint le siroco, il souffre des ravages de l'altise.

Aussitôt que l'aramon est mûr, il doit être vendangé. Il résiste assez bien à l'oïdium quand il est jeune, mais quand il est âgé, il est très fortement atteint. Il donne peu de produits dans les terrains qui sont trop secs. Dans les terrains de coteaux, son vin est bon, corsé, il a de la fraîcheur. Ses qualités diminuent à mesure que la production augmente. L'aramon redoute les mauvaises herbes, il exige un terrain entièrement propre. En somme, on peut dire de l'aramon que, malgré ses défauts, il enrichit son propriétaire.

Son origine est très ancienne. On prétend que son pays originel sont les environs du Gard. Dès qu'il vieillit, il ne produit plus que des tiges grêles ; il faut alors le recéper. C'est un des cépages qui vit le moins longtemps. La souche est très vigoureuse. Les sarments sont rougeâtres et se foncent pendant l'hiver. Ils portent des yeux gros, blanchâtres. Les mérithalles sont très rapprochés les uns des autres. Les feuilles sont unies et lisses à la surface et légèrement cotonneuses au revers.

La grappe est volumineuse. Les grains sont gros, ronds, juteux, d'une nuance noire. Il réclame la taille courte.

Les vins d'aramon ne se conservent pas, ils doivent être bus, si possible dans l'année.

2° *L'Aspiran.* — On en connaît trois variétés : noires, grises et blanches. Il est très répandu dans le bas Languedoc et dans plusieurs contrées de l'Algérie. Il donne un bon raisin de table. Il est originaire du bas Languedoc, d'un village nommé Aspiran.

La variété la plus importante est la variété noire. Il donne un vin pétillant, fin, délicat, rouge clair, en un mot un bon vin de table. Son seul défaut est son manque de couleur.

Il croît et donne des produits dans tous les terrains, mais il se plaît surtout dans les terrains rocailleux. Il n'est pas exposé à la gelée, coule peu, il est peu attaqué par les insectes, par les altises, l'oïdium.

Le produit moyen de l'hectare est de 30 à 50 hectolitres.

Ce cépage se plaît surtout dans le voisinage de la mer.

3° *Carbenet*. — C'est le plus fin de tous les cépages, celui qui produit tous les grands crus de Bordeaux. C'est un cépage d'une très grande extension, il porte différents noms.

Il donne un raisin dont la baie est de moyenne grosseur, ronde, serrée sur la grappe. Il pousse hâtivement et est par conséquent sujet aux gelées printanières. La souche est vigoureuse, dure longtemps, et dans les sols riches il prend un grand développement : il réussit aussi dans les terrains secs.

Les feuilles sont un peu petites, plus larges que longues et ont cinq lobes. La face inférieure est légèrement duveteuse.

Le vin produit par le carbenet a de la vinosité, de la distinction, de la finesse et de la sève.

Il est peu riche en alcool, mais il est surtout remarquable par son bouquet, son parfum.

Dans presque tous les sols il conserve ses qualités.

Le vin est brillant, et en vieillissant il prend toujours plus de qualité. Dans les sols du Bordelais, la terre renferme sur 1,000 grammes, 8,6 grammes de fer.

Dans les tonneaux, il forme du tannate et du gallate de fer. Le parfum du vin de carbenet se développe avec l'âge ; il est produit par un éther qu'on appel *œnanthine*.

Le carbenet est pour les vins de Bordeaux ce que sont les pinots pour la Bourgogne. En le mélangeant à la cuve avec le mourvèdre, le morastel, on améliorera considérablement ce dernier.

Outre le carbenet-sauvignon, qui est le meilleur et le plus fin des cépages, il y a encore la carmenée et le verdot qui sont aussi des carbenets. Tous ces cépages doivent être taillés à la taille longue, attendu que les raisins ne prennent naissance que vers le milieu des sarments.

4° *Le carignan ou carignane.* — Il porte aussi différents noms : ceux de mataro, monestel. Le carignan est très cultivé dans le midi de la France, surtout dans le Roussillon. Il a une végétation puissante. Les sarments sont rouges, clairs, érigés. Ils prennent une teinte rougeâtre avant la taille.

Les mérithalles sont courts, les feuilles grandes, peu unies, glabres à la partie supérieure et légèrement duveteuses sur la face inférieure ; elles ont 5 lobes. Elles sont vertes pendant l'été et prennent une teinte rougeâtre vers l'automne. La grappe est allongée, conique, les grains assez gros, noirs, juteux, peu agréables à manger. Mélangé à l'alicante, au morastel, au mourvèdre, à l'aramon, il fait d'excellent vin. Ce vin est désigné sous le nom de gros vin du Midi, vin de coupages.

Il aime les terrains substantiels et se plaît sur le littoral, dans le voisinage de la mer. Il ne réussit pas bien dans les terres légères.

Il mûrit tard, est très fertile et est déjà en plein rapport à la troisième feuille. Son produit varie beaucoup, comme l'aramon. Il est peu sujet aux ravages des insectes, mais est fortement attaqué par l'oïdium.

Son vin est sec, coloré, un peu rude, âcre, spiritueux ; il supporte très bien les voyages et gagne en qualité en vieillissant. C'est un des cépages les plus à recommander en Algérie.

A côté de ces qualités, il a cependant des défauts, des inconvénients. Il est sujet à la coulure, au péronospora, à l'anthracnose. Son rendement est de 30 à 80 hectolitres à l'hectare ; lorsqu'il est bien cultivé, son rendement peut aller jusqu'à 150 hectolitres.

5° *Cinsaut.* — Il est connu aussi sous le nom de bourdalès, moutardier. En Algérie, on le confond avec l'œillade. Le cinsaut est un bon cépage à recommander en Algérie, parce qu'il résiste bien à la sécheresse et souffre peu du siroco.

Son feuillage est très touffu. Les grappes sont grosses, les grains allongés, oblongs, maturité précoce. On prétend qu'il est plus fertile, rapporte davantage que l'œillade. Son raisin est bon à manger, et comme raisin de cuve, il produit un excellent vin, mœlleux, d'une belle couleur rouge. Il a du bouquet.

Allié à d'autres cépages, tels que le morastel, l'aramon, l'alicante, il donne un bon vin de table et se plaît dans les terrains chauds, de consistance un peu forte. Il donne en moyenne de 30 à 60 hectol. à l'hectare. Il est peu sujet aux insectes et à l'oïdium, seulement il faut bien faire attention de le vendanger avant la complète maturité parce qu'il s'égrène facilement.

6° *Le Côt.* — Ce cépage domine surtout dans la vallée de la Garonne et forme un grand nombre de variétés connues sous des noms différents, entre autres le malbeck.

En Algérie, toutes ces variétés de côt semblent se fondre et n'en former qu'une. C'est un cépage à grande expansion.

Il résiste bien à la chaleur et réussit même dans les terres médiocres. Aussi on peut le planter dans tous les terrains. Ce qui distingue les côts, c'est le pédicelle des raisins qui est de couleur rouge foncé. Les raisins sont gros, ronds, sucrés ; le bois a une couleur marron. Les cots donnent un vin coloré, solide et qui prend du bouquet. C'est ce vin qui, dans le nord de la France et à l'étranger, est vendu en immenses quantités sous le nom de vin ordinaire de Bordeaux, petit Bordeaux.

On peut le tailler à la taille courte et à la taille longue ; mais, en général, il vaudra mieux le tailler un peu long ; il est un peu sujet à la coulure, mais résiste assez bien à l'oïdium.

7° *Mourvèdre, espar, balzac.* — Il est originaire de Mourvèdre (Espagne). Dans le Languedoc, il porte le nom de espar ; en Provence, celui de mourvèdre. D'après Dejernon, c'est le cépage le plus à recommander en Algérie.

Ce cépage a des sarments rouges foncés, forts, feuilles à cinq lobes, cotonneuses en dessous, vert foncé, pétiole et nervures rouges ; les feuilles deviennent rouges sur les bords. La grappe est conique, les grains sont noirs, serrés et ronds. Il est souvent confondu avec le morastel.

Ces deux cépages diffèrent en ce que l'espar est moins délicat pour le choix du terrain et moins exigeant pour la culture ; il est moins fertile et moins précoce. Il est peu sujet à la coulure et en général aux autres maladies de la vigne.

Il produit un vin foncé, d'une belle couleur, solide, qui supporte bien les voyages, les températures les plus élevées. Il est suffisamment riche en alcool, riche en tannin et s'améliore en viellissant.

C'est un des meilleurs vins de coupage ; il est de plus très rustique et réussit dans tous les sols. Son rendement varie de 40 à 60 hectolitres à l'hectare, et si on charge un peu les ceps, on obtient un rendement plus élevé.

8° *La Fuella.* — Ce cépage est originaire du département du Var. C'est un fin cépage, peu répandu en Algérie, mais qui y réussit très bien à la taille longue.

9° *Grenache* ou *Alicante.* — Il est originaire d'Espagne. La souche est très forte, très fertile, les sarments jaunes-rougeâtres ; feuille petite, peu découpée, couleur vert-jaunâtre ; la grappe grosse, les grains très juteux et très sucrés.

Quoiqu'on en dise, l'alicante est un des bons cépages du Midi ; du reste son port indique la fertilité.

Il réussit très bien dans les terres calcaires, profondes, mais il lui faut de l'engrais et une bonne culture.

Dans les terrains légers, il vieillit vite et a peu de durée. Il est sujet à la coulure dans les années humides, au charbon et à l'altise ; par contre il est peu sujet à l'oïdium, mais fortement attaqué par le mildiou.

Le vin d'alicante seul est corsé, moelleux, fin, spiritueux, mais peu coloré.

L'alicante entre pour beaucoup dans les grands crus du Roussillon (de Bagneuls, de Couilloure). Suivant les sols, il produit de 30 à 60 hectolitres à l'hectare. Avant l'invasion du phylloxéra, sa culture s'était répandue dans le midi de la France.

10° *Malvoisie*. — Les malvoisies forment une tribu très nombreuse, très estimée, mais peu cultivée en grand à cause de son petit rendement en vin. Il y en a un très grand nombre de variétés. En Algérie, on n'en trouve guère que dans les jardins.

Les sarments sont fins, longs et renferment beaucoup de moelle, d'une couleur rouge ; feuille moyenne, grappe assez volumineuse, grosse et courte ; les grains sont dorés, la peau fine ; les raisins sont très doux et très savoureux. C'est un excellent raisin de table.

Les malvoisies produisent des vins excellents, de très longue durée. On prétend qu'ils sont originaires de Grèce.

Taille longue ; 20 à 30 hectolitres à l'hectare.

11° *Mourastel* ou *Morastel*. — C'est un des cépages les plus répandus et des plus à recommander en Algérie. Le morastel est un bon cépage, à souche assez forte ; les sarments durs, rouges ; les feuilles d'un beau vert, rugueuses par dessus, la face inférieure cotonneuse. Le pétiole est rouge, la grappe grosse, les grains serrés, très noirs, doux et ronds. Il est très fertile dans les terrains qui lui conviennent et surtout dans les argiles ; dans les sols très fertiles, il prend un développement extraordinaire.

Il est très cultivé dans le Midi ; on le confond souvent avec le mourvèdre, mais il vaut mieux.

Son vin est noir, très coloré, désaltérant ; il est très bon comme vin de coupage.

Ce cépage est de longue durée ; il coule peu, ne charbonne pas et est peu attaqué par les insectes et l'oïdium.

On le taille à la taille courte.

Avant l'invasion du phylloxéra, les deux plants les plus cultivés étaient l'aramon et le morastel.

Le rendement varie de 40 à 60 hectolitres à l'hectare et peut aller bien au-delà.

12° *Œillade.*— Confondu quelquefois avec le cinsaut, a une souche vigoureuse, des sarments rouges et les feuilles vert foncé, à 5 lobes, moyennement cotonneuses, un peu rugueuses en dessus. La grappe est grosse, les grains oblongs et peu serrés, d'un beau noir, très sucrés, croquants, très bons à manger.

Il est assez répandu, mais est moins important que le carignan, le mourastel, etc. ; c'est un cépage précoce.

L'œillade produit un excellent vin, d'une grande finesse, moelleux, parfumé, spiritueux, d'une belle couleur rouge, pas très foncé. Il se plaît dans les bonnes terres.

Malheureusement il est assez sujet à la coulure, est très précoce, il souffre des gelées blanches ; dans les sols humides son rendement est de 30 à 50 hectolitres à l'hectare ; il est peu sujet à l'oïdium et aux insectes.

13° *Petit-bouschet*.—C'est un cépage d'introduction récente ; il a été obtenu par l'hybridation de l'aramon avec le teinturier.

Ce cépage est très productif et donne un vin très coloré, très recherché pour les coupages.

14° *Pineau*. — Il existe une grande variété de pineau ; le meilleur est le pineau de Bourgogne. C'est ce cépage qui donne les grands vins de Bourgogne (chambertin, clos Vougeot, etc.).

C'est grâce au pineau que les ducs de Bourgogne prenaient avec raison les titres de : « Maître et seigneur des meilleurs vins de la chrétienté ». Les vins de Champagne sont aussi faits avec des pineaux.

Les pineaux viennent bien en coteau, dans les terrains rocailleux et calcaires. Son bois est mince, d'une couleur jaune fauve tirant sur le violet ; feuilles rondes, épaisses, d'un vert foncé, grappe petite, grains ovoïdes et couverts d'un duvet bleuâtre. La floraison et la maturité sont hâtives.

Il ne donne presque rien à la taille courte ; ne devient fécond qu'à la taille longue.

Les vins produits par les pineaux sont délicats, corsés, fins, généreux, très bien colorés ; ils sont remarquables par leur agréable bouquet. Ces qualités ne deviennent appréciables qu'à l'âge de six ans.

Comme il demande très peu de chaleur, ce cépage s'est propagé dans le Nord.

15° *La petite syrah*.— Elle est surtout cultivée le long du Rhône ; c'est ce cépage qui produit les vins de l'Ermitage ; il est peu répandu en Algérie.

Les sarments sont gris cendré lorsqu'ils sont jeunes et jaunes cannelle lorsqu'ils sont vieux et aoûtés.

L'extrémité des tiges très cotonneuse, grappe cylindrique, grains inégaux et un peu ovales, noirs-violets, juteux, très sucrés, à peau croquante ; maturité précoce. La principale qualité de ce cépage est de donner de la durée aux vins.

16° *Teinturier.*—C'est un cépage facilement reconnaissable par ses feuilles de couleur rouge foncé ; il donne un vin très riche en couleur, tachant les doigts.

1/20 suffit pour donner au vin une couleur foncée ; en Algérie, il est peu répandu, on lui préfère le petit-bouschet.

17° *Tibouren.* — Peu répandu en Algérie, ce cépage est surtout cultivé aux environs de Toulon ; c'est un cépage spécial à la Provence.

Il est sujet à la coulure ; il donne un vin vif, pétillant et peu coloré ; il est estimé comme raisin de table.

18° *Tokay ou Firmin.* — Originaire de Hongrie, sur la Theis. Il est peu cultivé en Algérie. Sarments bruns ; feuilles trilobées ; grappes cylindriques ; grains inégaux ; maturité précoce. On en obtient des vins exquis. Ce cépage se plaît dans les sols secs, mais il est peu fécond. Il se vendange lorsque les grains sont un peu secs.

3° Cépages à vin blanc.

1° *Aïn Kelb* (œil de chien). — Beau cépage indigène très répandu. On en obtient d'excellents vins blancs.

2° *Alicante ou Grenache.* — Donnant un raisin rouge ; c'est plutôt un cépage à vins rouges.

3° *Clairette.* — C'est un cépage très répandu dans le midi de la France. Il donne d'excellents raisins de table et du vin blanc de mérite. Les sarments sont longs, droits, érigés, couleur rouge clair. Les feuilles ont trois lobes, peu découpés ; la face supérieure est vert foncé, la face inférieure très cotonneuse. La grappe est moyenne, les grains peu serrés et oblongs.

On l'emploie surtout pour donner aux vins rouges du corps et un goût agréable ; il doit être très chargé ; de 6 à 12 coursons et à chaque courson 2 yeux et le borgne.

C'est un cépage durant longtemps ; il est sujet à l'anthracnose, ne réussit pas dans les terres légères ; redoute l'humidité et est sujet à la coulure.

On fait avec les clairettes des vins secs et des vins doux.

4° *Chasselas*. — Il forme une grande tribu parmi laquelle on distingue le chasselas de Fontainebleau, jaune doré à grains ronds. Il est cultivé comme primeur à cause de sa précocité.

Le chasselas rosé est très fertile et excellent comme raisin de table. Les chasselas fendants sont parmi les meilleurs.

5° *Farhana*. — Cépage indigène, très rustique et donnant de beaux et bons raisins.

6° *Muscats*.—Sont bons pour le vin et pour la table. On en fait à Frontignan, à Lunel des vins d'une très grande réputation. En Algérie on en fait aussi d'excellents vins.

Les vins muscats sont des vins de luxe, et pour en faire du vin de luxe il faut qu'il marque 18 à 20° à l'aréomètre. Il est sujet à la coulure, au peronospora ; il souffre aussi du siroco, des attaques des mouches, des abeilles.

7° *Les piquepouls*. — Sont cultivés exclusivement pour le vin ; ses raisins sont immangeables. C'est un cépage très répandu dans le Midi : on en connaît trois variétés : noire, rose et blanche ; il réussit bien dans les terres pauvres, arides, dans les sables, et donne de 25 à 30 hectolitres à l'hectare. Le vin qu'il fournit est spiritueux, fin, pétillant. Mêlé aux vins rouges, il leur donne de la finesse.

8° *La rousanne*, de la Drôme, produit un bon vin blanc.

9° *Le sauvignon blanc* ou *sémillon* donne un vin très fin, mais encore peu connu en Algérie.

4° Cépages pour les raisins secs.

Par suite de la destruction des vignes par le phylloxéra, la fabrication des vins avec le raisin sec a pris une grande extension. Si cette fabrication devait durer, il y aurait peut-être avantage, en Algérie, à cultiver des cépages qui produisent les raisins secs, tels que panse musquée, malvoisie, corinthe, etc.

5° Raisins pour l'eau-de-vie.

Pour la distillation, il faut choisir les cépages de grande production, tels que l'aramon, et surtout le cépage connu sous le nom de Folle-Blanche. C'est avec ce cépage qu'on fabrique les eaux-de-vie si célèbres des Charentes.

Folle-Blanche. — Ce cépage réussit surtout dans les terrains silico-calcaires ou argilo-calcaires. Il est très rustique et peut supporter toutes les tailles. Il donne de 25 à 60 hectolitres à l'hectare et il faut 75 litres de vin pour obtenir 10 litres d'eau-de-vie ordinaire ou cognac.

6° Cépages pour les raisins de table primeurs.

Pour la production des raisins de primeurs, l'Algérie possède un grand avantage, la chaleur ; elle peut produire naturellement des raisins mûrs avant tout autre pays.

On cultive surtout le *Chasselas* comme raisin de primeurs. 1 hectare de *Chasselas* rapportait, il y a cinq ans, 6,000 fr. à Guyotville.

Le cépage connu sous le nom de *Madelaine* est encore plus précoce que le Chasselas.

Quant aux *cépages pour vins de liqueur*, ils sont nombreux et ne peuvent être cultivés qu'en très petite quantité ; tels sont, par exemple : le *Lacryma Christi*, le *Malvoisie* (Madère), le *Kismisch* (vin de Perse), *le Xérès* (Pedro Ximenès), le *Tokay* (Hongrie). Tous les vins qui marquent 20° et plus sont des vins de liqueurs.

Vignes arabes. — Variétés blanches : Ferana blanc, Aïn-Kelb, Plant de Dellys, Chaouch ; trois premières employées pour vins blancs.

Variétés noires : Ferana noir, El Oued Zitoune noir, Lehk' et Haneb ; raisins à manger.

Variétés rouges : Ah'meur Ben Ah'meur, Maures rouges ; raisins à manger.

7° Des cépages à préférer en Algérie.

En Algérie, il faut surtout s'attacher à produire des vins dont la qualité ne soit pas altérée par la quantité. On peut produire ici des vins colorés, alcooliques, sains, hygiéniques, fortifiants et pouvant donner au moins 50 hectolitres à l'hectare.

Pour produire ces vins, on devra choisir le carignan, le morastel, le mourvèdre, le petit bouschet, l'œillade et le cinsaut ; un peu de cépages blancs, soit uni blanc, la clairette ou le sauvignon.

Carignan	1/3	du vignoble.
Morastel	1/4	—
Œillade	1/4	—
Petit Bouschet	1/10	—
Cépage blanc	1/10	—
Aramon	1/10	—

Pour un *vignoble en plaine*, on peut adopter la proportion suivante :

Carignan........   30 hectares sur 100.
Morastel   20   —
Mourvèdre.......   20   —
Petit Bouschet....   10   —
Aramon.........   10   —
Cinsaut   5   —
Clairette   5   —

Vignoble en coteaux.

Carignan ...,....   40 hectares sur 100.
Morastel   15   —
Mourvèdre.......   15   —
Petit Boûschet....   15   —
Cinsaut   10   —
Clairette   5   —

Vignoble pour vin de coupage.

Petit Bouschet............   80 hectares sur 100.
Mourvèdre ou Morastel.....   20   —

8° Conditions favorables à la plantation d'un vignoble.

Il y a en Algérie peu de sols ingrats pour la vigne. Les terrains sableux font des vins légers, peu colorés ; on doit de préférence les consacrer à la culture des raisins de table, comme cela se fait à Guyotville. En général, les meilleurs vins sont produits par des sols silico-calcaires, colorés en rouge par des sels de fer. Ces sortes de terrains sont très répandus dans les provinces d'Alger, d'Oran et de Constantine ; tous les sols argilo-sableux, sablo-argileux, sont excellents pour la vigne lorsqu'il s'y mêle du fer. La présence de petits cailloux indique aussi de bons terrains. Jusqu'à 600 mètres d'altitude dans toutes les terres où l'on voit croître le lentisque, les chardons, on peut planter de la vigne. Les terrains à chêne, les bruyères, indiquent un sol léger, maigre où le vin sera bon, mais en petite quantité.

Là où croissent les palmiers-nains, cela indique la présence de l'argile et du calcaire ; ces terrains-là sont bons. Dans les terrains argilo-sablonneux ou terres franches, la reprise de la vigne est plus difficile, mais elle y dure plus longtemps et a moins besoin d'engrais. Les terrains fortement colorés en rouge sont aussi ceux qui donnent le plus de couleur au vin rouge, les marnes blanches sont bonnes pour les vins blancs.

Enfin, dans les terres noires à humus, la vigne réussit aussi ; elle donne des produits abondants, mais d'une qualité à peine moyenne ou, pour mieux dire, inférieure. L'aramon, qui donne le plus en Algérie, exige naturellement des sols profonds. L'alicante n'aime pas les sables. Le morastel et le mourvèdre n'aiment pas les terrains trop argileux. Le carignan vient dans tous les terrains. Quant à l'influence du terrain sur le goût et le bouquet des vins, elle est très réelle. En France comme en Algérie, la présence du calcaire est nécessaire pour donner du bouquet aux vins.

Les vignes résistent d'autant plus au phylloxéra que leur terrain renferme plus de sable, 60 % au moins ; tout le long de la côte algérienne on trouve de ces sables identiques à ceux d'Aigues-Mortes.

La condition la plus favorable et que l'on rencontre presque partout en Algérie pour planter de la vigne, c'est d'avoir une terre meuble. Une autre condition de haute importance, c'est de disposer d'un terrain complètement exempt d'arbres.

Enfin, il ne faut pas demander au sol qui porte la vigne plus que son produit, c'est-à-dire, qu'il ne faut pas y cultiver d'autres plantes si l'on veut obtenir de la vigne des produits abondants et d'une longue durée ; il est nécessaire de lui laisser sa jouissance exclusive de la terre.

9° Préparation et défoncement du sol.

Défrichement. — Lorsqu'une terre est inculte, il faut d'abord arracher soigneusement toutes les mauvaises herbes, le chiendent surtout, les broussailles, les plantes vivaces, les laisser sécher, et les réunir en petits tas et les brûler sur place. On répand ensuite les cendres. Cette opération préliminaire doit précéder le défoncement.

Il ne faut pas planter la vigne directement sur défrichement de bois ou de broussailles, surtout de chêne. On signale des exceptions pour les lentisques, et surtout pour les palmiers-nains. On a remarqué que les vignes plantées dans ces conditions n'ont qu'une végétation faible, languissante, qu'aucun engrais, aucun labour ne peuvent activer ou corriger. Les racines finissent par être atteintes par un champignon, le Pourridié, qui s'y développe et finit par les détruire. Il est donc prudent de cultiver pendant 3 à 4 ans ces terrains, jusqu'à ce que les racines soient complètement transformées en terre. Le défoncement du sol est une préparation indispensable pour la plantation de la vigne.

Sans doute, il y a des colons qui se contentent de faire un trou, un fossé, obtiennent des résultats; mais il n'y a pas à en douter, le défoncement est une opération d'une grande utilité dans tous les terrains : il permet d'enlever les grosses pierres, toutes les racines qui pourraient entraver la libre et facile circulation de tous les instruments aratoires.

Le défoncement établit entre les couches supérieures et les couches inférieures une solidarité qui diminue les dangers de la sécheresse en été et d'une humidité trop forte en hiver; enfin il permet aux jeunes racines de s'étendre facilement et avec rapidité dans un sol bien ameubli. Les défoncements opérés d'avance pendant l'été produisent souvent les mêmes effets que les labours, que les cultures préparatoires. Les défoncements préalables sont toujours utiles, sauf dans les sables purs, à moins qu'ils ne soient infestés de mauvaises herbes. La profondeur minima qu'on doit leur donner est de 50 centimètres en terrain dur ; on peut leur donner même jusqu'à 75 à 80, et dans la province d'Oran, on a été jusqu'à 1 mètre. Dans la plupart des cas, il est inutile de défoncer plus profond de 60 centimètres. Les défoncements peuvent se faire avec des machines à vapeur, des charrues défonceuses et à la pioche. Avec la charrue à vapeur on peut défoncer de 40 à 60 centimètres en tout temps, tant en été qu'en hiver. Avec les charrues défonceuses il faut employer de 20 à 30 bœufs arabes pour obtenir une profondeur de 30 à 40 centimètres. C'est le mode de défoncement le moins parfait, parce que le travail est irrégulier ; aussi vaudrait-il mieux donner d'abord un bon labour à 25 ou 30 centimètres que l'on ferait suivre d'une fouilleuse.

Les défoncements à la pioche sont les plus parfaits, à la condition d'une surveillance continuelle de sondages répétés derrière chaque ouvrier.

Les terrains défoncés à la pioche sont mieux purgés des mauvaises herbes, ils restent plus longtemps ameublis et sont accessibles plus longtemps et plus complètement aux influences atmosphériques. La décomposition des engrais y a plus de rapidité, s'y fait mieux, et la vigne est plus vite à fruit.

Les vignes plantées en fossés sont aussi beaucoup plus tardives à se mettre à fruit. Le défoncement à la pioche s'impose dans les terrains trop inclinés, encombrés de rochers, d'arbres. Quel que soit son prix, si le terrain est naturellement fertile, le viticulteur peut être certain de rentrer très promptement dans ses avances. Dans les terrains de plaine, le défoncement à la charrue est à recommander. Les prix des défoncements d'un hectare sont : à la charrue à vapeur à 50 centimètres de profondeur, 400 à 500 fr. ; à la charrue défonceuse à 40 centimètres, 200 à 300 fr., non compris les hersages en travers destinés à pulvériser les mottes soulevées par la charrue. Quant au défoncement à la pioche à 50 ou 60 centimètres de profondeur, il peut varier de 600 à 1,000 fr. l'hectare, suivant que le terrain renferme plus ou moins de racines, de troncs, de palmiers, de sable ou de rochers. A 75 ou 80 centimètres, le prix n'est pas à moins de 1,200 à 1,500 fr. l'hectare. Enfin, lorsqu'on rencontre des bandes de rochers, généralement l'extraction de la pierre est en sus. La question de la profondeur à donner à un défoncement est très controversée parmi les colons, les uns prétendent que jamais les racines de la vigne ne descendent à plus de 40 centimètres de profondeur, et que par conséquent il est inutile de remuer à grands frais la couche inférieure. D'après nos observations, c'est sur des défoncements faits à 60 centimètres que sont plantées les vignes les plus belles que l'on rencontre en Algérie.

Sans doute le défoncement est une grande dépense, mais la vigne devant avoir une durée moyenne de 50 ans et même plus, on ne doit rien épargner pour lui donner le plus grand et le plus rapide développement possible, et la plus légère augmentation dans le produit obtenu à la suite du défoncement paye largement cette dépense. L'argent mis à un travail utile est toujours placé à un haut intérêt, et quand on plante de la vigne il vaut mieux n'en planter qu'un hectare avec tout le soin nécessaire, que d'en planter deux ou trois sans défoncement.

En un mot, celui qui plantera une vigne sur un terrain mal défoncé fera une très mauvaise spéculation.

10° Choix des boutures ou sarments.

Pour la plantation de la vigne, les simples boutures sont préférables aux plants enracinés. Ceux-ci exigent des soins tout particuliers pendant la plantation et pour l'étalage des racines, et si la première année ils prennent un peu d'avance, ils la perdent plus tard. Les boutures sont plus faciles à mettre en place, elles disposent elles-mêmes leurs racines comme il leur convient: c'est le mode qu'on doit préférer.

En tout cas, il faut toujours avoir une pépinière en réserve pour remplacer les manquants.

On doit toujours prendre les boutures sur des ceps marqués à l'avance, choisis avec soin sur des ceps vigoureux, féconds, fructifères, exempts de maladies et réunissant toutes les qualités désirables. Pour cela, on visite avant la vendange les vignes, et on marque tous les plus beaux ceps d'un morceau de fil rouge, ou d'une tache blanche avec de la chaux afin de pouvoir les reconnaître plus tard. C'est ce qu'on appelle faire de la sélection. C'est ainsi que font les vrais vignerons qui arrivent alors à se procurer de bons reproducteurs. Ce n'est que par ce moyen que l'on parvient à améliorer l'espèce et à avoir des vignes dont tous les ceps sont fructifères. Au contraire, si on prend des boutures au hasard et sur les premiers ceps venus, il y aura une grande inégalité dans la plantation nouvelle ; c'est ce que l'on remarque dans les vignes d'Algérie. Mais il y a plus, il ne suffit pas de prendre toutes les boutures sur des ceps de choix, il faut encore ne prendre sur ces ceps que les meilleurs sarments, avoir soin de rejeter tous les gourmands sortis du vieux bois et des racines, et parmi ceux qui sont sortis des coursons préférer ceux qui sont chargés de raisins. Ce sont des soins minutieux mais qui contribuent au succès de la culture de la vigne, et l'on peut ainsi dans une exploitation avoir tous les ceps fructifères et féconds. Si, malgré ces soins, il se trouve cependant dans la plantation des ceps de qualité inférieure, le viticulteur intelligent ne doit pas oublier de les marquer, et si leur infertilité se maintient on doit les transformer par *la greffe*.

On emploie généralement la greffe en fente pour les vignes que l'on veut renouveler.

On coupe la souche au-dessous du sol, on la fend et on y introduit une ou deux greffes suivant la grosseur du cep. Les greffes doivent porter trois à quatre bourgeons et être taillées en sifflet.

Fig. 1.

Pour que l'opération réussisse, l'essentiel est que l'écorce de la greffe coïncide bien avec celle du sujet. La greffe placée, il faut avoir soin de bien mastiquer la fente. Ensuite on recouvre la greffe avec de la terre meuble et on ne laisse hors de terre qu'un bourgeon.

Fig. 2.

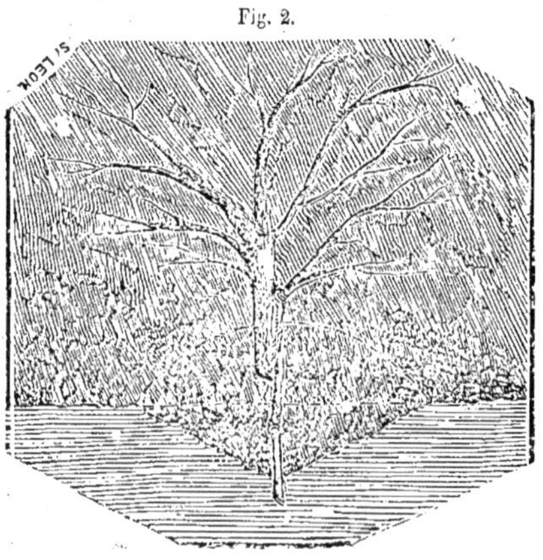

Une greffe bien faite donne déjà du raisin à la première année et peut, dès la seconde, donner une récolte égale à celle des ceps voisins.

Les boutures ou sarments destinés à la plantation doivent être mis en terre deux mois avant le départ de la végétation. Il faut au bourgeon souterrain, destiné à se transformer en racines, un certain temps. Il faut faire la plantation aussi vite que possible : plus vous plantez de bonne heure, mieux cela vaut, entre janvier et février au plus tard. C'est pour cela qu'on doit se hâter de se procurer des sarments.

11°. Conservation des boutures.

En attendant la plantation définitive, enterrez les sarments dans un sol sableux, non pas en paquets, mais par 2 ou 3 rangées dans le fossé, de manière que chaque sarment soit enveloppé de terre et puisse être facilement arraché. Beaucoup de vignerons mettent des sarments dans l'eau : c'est un mode de conservation qui ne doit pas être prolongé longtemps, car ils finissent par pourrir, surtout dans l'eau stagnante ; il faut préférer les eaux courantes. Lorsqu'on reçoit des sarments qui viennent de loin, il faut les tremper à mi-hauteur pendant 6 ou 8 jours. De même que si au moment de la plantation définitive la température est sèche, on peut mettre les sarments 2 ou 3 jours dans l'eau avant de les planter. Quand un terrain destiné à la vigne n'a pas été défoncé à temps, on peut retarder la plantation, en arrêtant le départ de la sève dans les sarments ; pour cela il suffit de les enterrer horizontalement dans une terre légère, et on les recouvre avec 15 à 20 centimètres de terre. On peut ainsi gagner un mois à six semaines et retarder la plantation jusqu'en avril.

12° Décortiquage.

Il faut avoir soin, lorsqu'on plante des sarments, d'enlever l'épiderme qui couvre le liber des mérithalles inférieurs (espace du sarment entre 2 yeux), sans abîmer les yeux. Cette opération s'exécute au moyen d'un couteau ou d'une râpe ; elle facilite la sortie des racines. On peut aussi tordre ou écraser la partie inférieure du sarment. Dans la plantation à trous ou à fossés l'on fait sauter l'épiderme en coudant le sarment avec le pied.

Quelques viticulteurs préfèrent les plants à crossette, c'est-à-dire ceux qui portent à leur extrémité inférieure un morceau de bois de deux ans et cachent des bourgeons latents dans le talon ou renflement, mais il vaut mieux enlever la crossette. En principe, la bouture doit être plantée droite, verticalement et non coudée, excepté dans la plantation à fossé et à trou à la pioche.

13° Plantation des boutures.

Pour mettre en terre les boutures, on peut employer trois procédés : la barre à mine, les fossés et la cheville ou pal ou pied de biche. Ce qui fait donner à cette dernière le nom de pied de biche, c'est qu'il y a au bout du pal une petite fourchette destinée à prendre le sarment par le pied et à l'introduire dans le trou. La plantation à la barre à mine dans les terrains non défoncés n'est pas du tout à recommander : quant à la plantation en fossé à 40 ou 60 centimètres de profondeur, on peut l'employer dans bien des localités de l'Algérie. Mais la meilleure plantation est celle faite après un bon défoncement avec le pal à fourchette.

Pour que la plantation réussisse bien, il faut qu'il ne reste aucun vide, au pied de la bouture ; pour cela, il est très bon de verser dans le trou deux fortes poignées de sable de rivière, et ensuite de tasser du terreau ou terre fine dans le trou.

C'est un très mauvais système de serrer le sarment par devant et par derrière, de le planter comme on ferait pour un chou, parce que cela dame la terre. Il faut, avec un petit bâton, tasser la terre tout autour du sarment.

Il faut qu'en tirant sur le sarment, il y ait résistance : s'il n'y a pas de résistance, c'est qu'il est trop peu tassé, et il pourrait y avoir du vide.

Le prix des plantations au pal sur défoncement est de 50 francs par hectare environ ; la plantation à la pioche coûtera presque le double. Cela reviendra à 06 cent. par pied.

14° Boutures enracinées.

La question des *plants enracinés* ou barbus est très controversée.

Il vaut mieux de simples boutures dans un terrain fertile, bien défoncé. Elles poussent aussi vite que les plants racinés : cependant, il y a des cas où ces derniers l'emportent sur la bouture ; c'est surtout lorsqu'on plante dans un terrain très compact ou trop sablonneux. Dans ce cas, il faut choisir les plants racinés de 1 ou 2 ans, vigoureux, les enlever de la pépinière avec toutes les radicelles possibles et ne pas raccourcir le chevelu sous prétexte de les rafraîchir. Au contraire, il faut faire des trous assez grands pour bien étaler les racines sur toute leur largeur et recouvrir celles-ci d'une terre légère, fraîche, à 25 centimètres de profondeur en terrain défoncé ; il faut éviter de planter le sarment trop profondément.

Il faut, quand on plante une vigne, avoir soin de faire une pépinière afin d'avoir des plants pour remplacer les manquants. Les sarments doivent être rabattus à 2 yeux au moins au-dessus du sol. Quelques mois après la plantation, ou l'année suivante, le viticulteur choisit celui des deux bourgeons qui lui paraît le plus vigoureux, le plus fort, le plus sain, pour asseoir la taille future du cep, et on supprime tous les autres.

Les soufrages répétés activent la végétation de la vigne même, et surtout la première année ; ils combattent également plusieurs maladies dont nous parlerons.

15° Longueur des boutures.

Autrefois on employait des boutures qui avaient de 0,80 c. à 1 mètre de longueur et l'on plantait à 0,50 c. de profondeur ; peu à peu l'expérience a démontré que c'était entre 25 et 30 c. que sortaient les bonnes racines, tandis que passé 0,30 c. le sarment pourrit et ne produit pas de racines.

Aujourd'hui les meilleurs viticulteurs donnent aux boutures une longueur de 0,40 à 0,50 c. ; une bouture ayant 0,30 c. en terre ne souffrira jamais de la sécheresse, si elle a été bien plantée, si on l'a placée dans une terre bien meuble, qu'on ait eu soin de ne point laisser l'air pénétrer dans le trou en serrant bien la terre contre le plant. En été, plusieurs binages, sarclages sont excellents.

Dans les terrains en pente, on doit avoir soin de planter plus profondément à cause du ravinement causé par les pluies. On doit, surtout en Algérie, chercher à se préserver du sirocco et des vents violents par des abris.

Comme le défoncement, la fumure est toujours une avance fort utile que l'on fait à la jeune vigne, avance qu'elle paye toujours largement. Il est aussi bon de planter de bonne heure en hiver (janvier ou février); de cette façon la jeune plantation profitera des pluies d'hiver, la terre sera mieux serrée autour de la bouture, la reprise est beaucoup plus sûre et plus certaine. On ne doit différer une plantation qu'en cas de nécessité absolue (février est le bon mois pour planter).

16° Plantation de la vigne en carrés, quinconces ou en lignes.

On plante la vigne en carrés, quinconces ou en lignes.

La disposition la plus usitée et la meilleure est celle qui consiste à espacer uniformément les sarments les uns des autres, de manière à ce qu'ils soient plantés à 1^m50 ou 1^m60, ou bien à 1^m75 ou 2 mètres sur toutes les faces. Dans ce cas-là on fait entrer un nombre de ceps déterminés par hectare, espacement qui varie suivant les dimensions que l'on donne au carré. Pour connaître le nombre de ceps contenus dans un hectare, on multiplie l'espacement d'un cep à l'autre, puis on divise l'hectare, soit $10,000^m$ par ce produit.

Exemple. A 2 mètres sur toutes les faces :

$$2 \times 2 = 4 \; \frac{10.000}{4} = 2.500 \text{ ceps.}$$

Dans les terrains où la végétation n'atteint pas un développement considérable et qui doivent être cultivés à la charrue, on espace fréquemment les ceps de 1^m75 à 2^m en carré.

La plantation en *carré* présente de nombreux avantages :

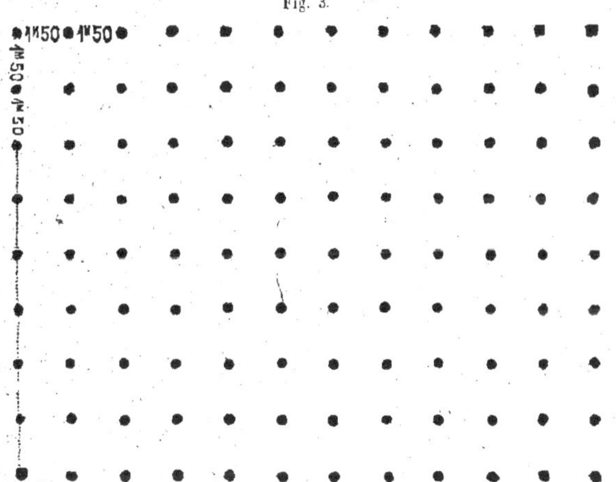

Fig. 3.

1° Les racines étant mieux réparties trouveront une nourriture plus abondante dans le sol.

2° Elle permet de remplacer les ceps qui meurent par le provignage. On a le choix de quatre souches.

L'on choisit sur une souche voisine un beau sarment que l'on couche dans un fossé préparé à l'avance. Le sarment est replié à son extrémité et sort au-dessus de terre. Au bout de trois ans on peut le séparer de la souche-mère.

3° La plantation en carré permet aussi de labourer en trois sens : deux sens opposés et en diagonales, toute la terre peut être remuée par les instruments.

La meilleure plantation est celle de deux mètres sur toutes faces ; mais pour les cépages érigés, tels que morastel, carignan, on peut planter plus serré, 1^m75, par exemple.

On plante aussi à 1^m50 en *quinconces* ; le terrain est ainsi divisé en triangles équilatéraux au lieu de carrés :

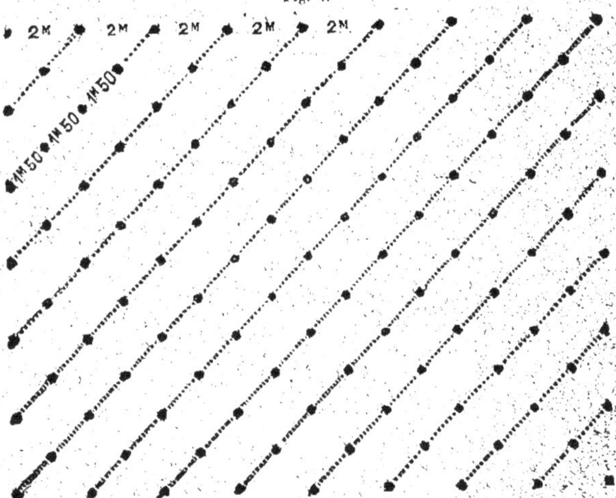

Cette disposition, usitée dans le Languedoc, est avantageuse parce qu'elle permet de répartir les ceps le plus également possible et de labourer dans trois sens ; mais cela présente des difficultés si les ceps sont rapprochés ; lorsque les espacements sont grands, cela est plus facile pour la plantation en quinconces.

Quant à la provignure, on peut choisir sur 6 ceps au lieu de 4, et enfin, le grand avantage consiste à faire entrer sur la même surface de terrain un plus grand nombre de plants.

Dans la Provence et dans le Midi on préfère la plantation en *lignes :*

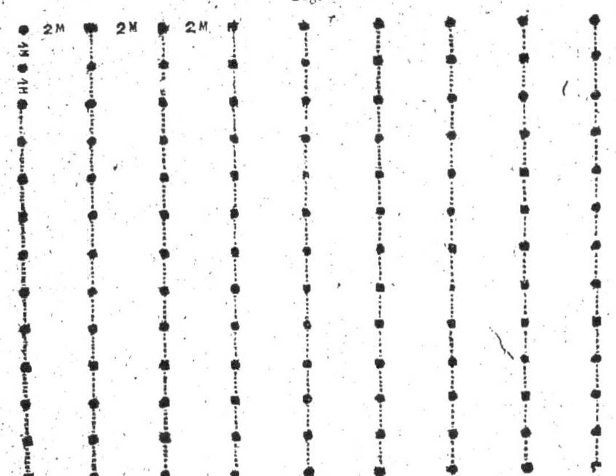

La circulation des instruments aratoires est plus facile, surtout en été, où les rameaux sont longs, mais l'espace de terre compris entre chaque cep doit être pioché.

Dans la plantation en quinconces la circulation des instruments aratoires en été est souvent impossible, et l'on est obligé de recourir à la pioche. La plantation des vignes suffisamment espacées est indispensable quand il y a des arbres. Mais même dans un terrain complètement libre, elle présente l'avantage de pouvoir faire passer la houe à cheval.

Dans les plantations en lignes, le nombre de ceps varie beaucoup : si les lignes sont espacées de deux mètres et les ceps placés à un mètre sur la ligne, on en aura 5,000 ; s'ils sont rapprochés à 75 centimètres on en aura 6,666.

En Algérie, il ne faut jamais dépasser 5,000 ceps à l'hectare, et même il y a avantage à réduire ce nombre à 2 ou 3,000 en donnant plus de développement au cep ; car un cep occupant 4 mètres carrés pourra, si on lui donne les coursons nécessaires, produire plus de raisins que 2 ou même 4 ceps occupant chacun 1 mètre carré, et avec l'espacement plus éloigné la circulation des instruments aratoires sera toujours plus facile. Les vignes à espacement un peu considérable rapportent davantage. On ne peut pas encore se prononcer sur la valeur de la vigne en chaintres, les expériences faisant défaut ; cependant on a observé que pour labourer la vigne en chaintres on est obligé de prendre la souche et de la changer de place, ce qui est très mauvais en Algérie ; car ici tous les procédés doivent tendre à abriter le raisin. Dans beaucoup d'endroits du Midi de la France on a adopté $2^m 30$ à $2^m 50$ entre les lignes et 1^m à $1^m 20$ entre les ceps. Ce système permet les cultures toute l'année et permet aussi d'atteler deux bêtes de front. Cela facilite le transport des fumiers, et permet aussi de circuler librement dans les vignes pour les vendanges. Dans l'Hérault, beaucoup de vignobles ont un espacement très large. L'inconvénient de la culture en lignes est qu'elle donne moins de récolte et des raisins moins gros. Un avantage que présente cette plantation, c'est que les sarments s'abritent mieux contre le soleil et le sirocco. Dans la plantation en lignes, il faut toujours avoir soin de laisser au bout des lignes un espace suffisant pour faire tourner les attelages ; pour cela on fait des chemins perpendiculaires à la direction des lignes.

Dans les terrains en pente, lorsqu'on veut faire les labours à la charrue, il vaut mieux planter en lignes.

17° Orientation.

L'orientation à donner aux vignes est subordonnée à la forme du terrain et à son inclinaison. Dans les terrains inclinés on dispose les lignes perpendiculairement à la ligne de plus grande pente. Quand le terrain est plat, horizontal, on dispose les lignes suivant la plus grande longueur; on oriente autant que possible de l'Est à l'Ouest afin que les ceps s'ombragent naturellement les uns les autres. Mais ce qui vaut mieux encore, c'est de diriger les lignes dans le sens des vents les plus violents de la contrée. Dans la Mitidja c'est le vent du Nord qui est le plus violent ; il faut donc orienter du Nord au Sud, et dans ce cas-là les ceps s'abriteront également les uns derrière les autres du vent du Nord et du sirocco. On peut aussi couper le vent au moyen de haies en roseaux ou en épines ou par des plantations d'arbres.

En Algérie, on peut planter à toutes les expositions en se préservant toujours autant que possible du sirocco. A l'exposition Nord les raisins mûrissent 15 jours plus tard qu'au Sud, mais le vin est plus abondant et plus fin de goût. A l'exposition Sud le vin est plus corsé, plus alcoolique. Dans les contrées exposées aux gelées du printemps, l'exposition Ouest doit être préférée. Suivant les contrées que l'on habite, il faut savoir préférer le Nord ou le Sud : le Nord dans les localités où le sirocco est fréquent ; l'Ouest dans celles qui sont sujettes aux gelées printanières ; le Sud dans celles enfin où les ravages de l'oïdium et du péronospora et toutes les maladies causées par des champignons sont à craindre.

Si l'on a le choix de toutes les expositions on peut planter les cinsaut, l'œillade, l'alicante, les raisins blancs indigènes et le chasselas, raisin qui est un des premiers mûrs, tous à l'exposition Sud. On plantera, au contraire, à l'exposition

Nord : le mourvèdre, le morastel, l'aramon, le petit bouschet, parce que ces cépages craignent plus le sirocco que les
champignons. Le carignan doit être planté à l'Est ou sur les
plateaux bien aérés, dans les endroits où les maladies causées
par des champignons se remarquent peu, et cela tout en tenant compte de la nature du sol qui est souvent plus importante à considérer que l'exposition même.

18° Des soins à donner à la jeune vigne.

Lorsqu'une vigne vient d'être plantée on ne saurait lui
donner trop de soins, et, du printemps à l'automne, il faut
faire circuler fréquemment la charrue vigneronne, la houe à
cheval entre les lignes, afin d'arracher les mauvaises herbes,
donner de fréquents binages à la main entre les ceps. Il y a
même des propriétaires qui font tout faire à la main. Il faut
que les vignes soient très proprement tenues : qu'il n'y ait
ni croûte, ni mottes, ni mauvaises herbes ; ce n'est qu'à cette
condition que l'on peut avoir de belles vignes en Algérie. En
outre, il faut se rappeler qu'un binage vaut un arrosage, et
que plus la terre est ameublie à la surface, plus elle résiste à la sécheresse. Plus elle est pulvérulente à la surface,
plus elle conserve l'humidité, et garde de la fraîcheur.

Ne jamais planter de légumes entre les lignes des vignes.
Une seule ligne de légume peut nuire à la plantation.

Ne déchaussez jamais les jeunes vignes, car vous risquez
d'endommager les petites racines ; mais laissez au contraire
le terrain plat au pied de chaque plant. Entre une jeune
vigne bien soignée et une autre mal soignée, il y a toujours
une grande différence qui se fera sentir pendant toute la durée de la vigne. Une jeune vigne même plantée avec soin et
qui ne sera pas suffisamment sarclée, nettoyée, et qu'on
laissera envahir par les mauvaises herbes, telles que le chien-

dent, ou au milieu de laquelle on a fait des semis, ne donne souvent qu'une pousse de 20 à 25 centimètres la première année. Si, au contraire, elle a reçu les cultures nécessaires, elle pourra donner, dès la première année, des sarments de 1 à 2 mètres de longueur, garnis à leur base de nombreux bourgeons anticipés, et sur ces sarments vigoureux il sera possible d'assurer une belle taille.

19° Culture des jeunes vignes.

Nous avons dit que les jeunes vignes doivent être labourées, la première année, le plus souvent possible pour que la terre soit toujours bien meuble, fraîche et exempte de mauvaises herbes ; point de mottes, point de croûtes, point de mauvaises herbes. De février en août on ne doit pas donner moins de trois labours ; car, plus on travaille la terre de la vigne pendant l'été et plus celle-ci devient forte et se met vite à fruit. On ne fume pas ordinairement les jeunes vignes, mais on y supplée par de nombreux labours. Cependant une légère fumure la 2° année est une bonne opération qui avance d'un an la mise en rapport, surtout dans les terres où le sol est mauvais. Un des meilleurs moyens d'activer le développement des jeunes vignes, c'est de leur donner deux soufrages pendant l'été.

Pour regarnir les vides que présente une plantation, le mieux est de se servir de plants racinés d'un ou de deux ans qu'il faut toujours avoir en réserve.

La deuxième année, on donne à la jeune vigne de nombreux labours : par le premier, on fait un léger déchaussement qu'on laisse ouvert jusqu'en avril.

Fig. 6.

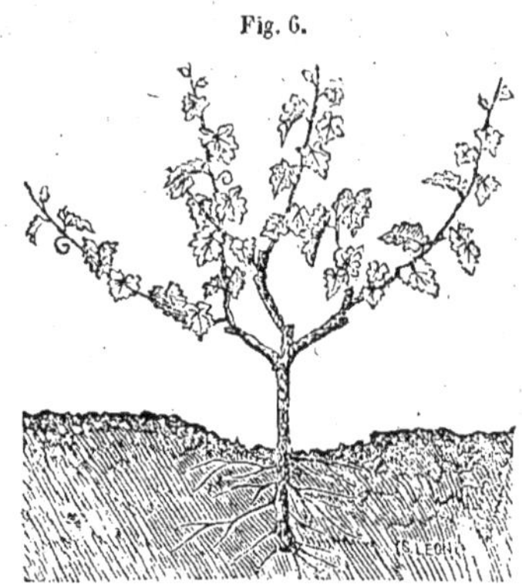

Ce premier labour s'opère en janvier. On peut aussi dé-
chausser à la houe, en auget ou cuvette. Ce déchaussage
permet d'enlever les drageons qui poussent du pied et font
beaucoup de mal. Après, on rechausse la souche par un
deuxième labour, fin avril, et la terre qui se trouvait écartée
du cep est ramenée contre le pied, à l'inverse du premier.

Fig. 7.

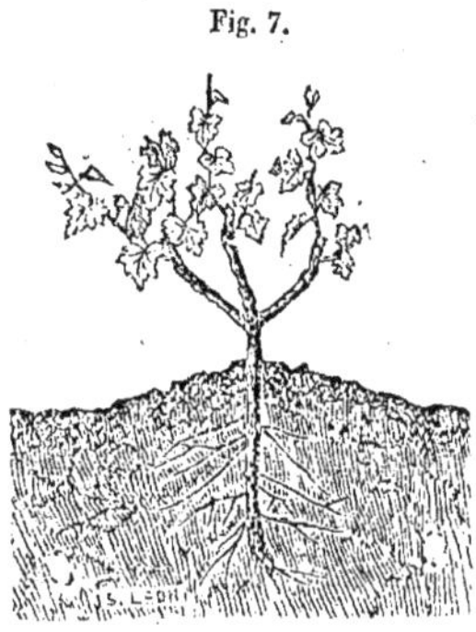

La troisième année on fait la même opération et on continue
à sarcler fréquemment, soit à la houe à cheval, soit à la
main. En Algérie, les jeunes vignes sont surtout exposées, au
printemps, à perdre leurs bourgeons par les coups de vent

violents : par le buttage on solidifie les ceps, on leur donne plus de fermeté et les jeunes bourgeons sont moins exposés à être brisés.

20° De la taille à donner à la jeune vigne.

Il faut surtout se rappeler qu'il doit toujours y avoir équilibre entre la végétation aérienne et la végétation souterraine et qu'une vigne d'un an se trouve bien mieux d'une taille proportionnée à sa force. Ainsi, si le sarment a atteint, la première année, une grande vigueur, environ 1 mètre de long, on doit lui laisser un courson de 2 ou 3 yeux, y compris le *borgne*. Un seul œil est toujours insuffisant. Deux yeux francs et le borgne, voilà la meilleure taille en Algérie.

Fig. 8.

Il ne saurait y avoir de danger à laisser se développer un trop grand nombre de bourgeons ; il est toujours facile par l'ébourgeonnage de faire tomber ceux qui sont de trop, surtout les plus faibles et les plus mal placés. Par une taille bien faite on peut, dès la deuxième année, avoir de 3 à 4 beaux sarments sur lesquels on pourra faire la taille l'année suivante. On ne doit jamais craindre d'épuiser ainsi la jeune vigne ; elle n'en devient que plus forte et plus vigoureuse. Elle développe ses racines proportionnellement au nombre et à la vigueur de ses sarments. La vigne a donc tout intérêt à être développée rapidement. Il faut lui donner chaque année un courson de plus, de telle manière qu'à trois ans elle donne déjà des produits et qu'à six ans elle puisse donner son maximum de récolte et avoir six coursons.

21° Fumure de la vigne.

De toutes les cultures, la vigne est la seule au sujet de laquelle on ait émis des doutes sur l'utilité des fumures.

Il est certains pays où on ne fume pas la vigne ; c'est que le sol y est assez riche pour subvenir aux besoins de la végétation.

On prétend que la vigne n'a jamais besoin d'engrais, que le fumier diminue la qualité du vin, et que si on gagne en quantité, on perd en qualité. Sans doute, la vigne peut vivre sans engrais, et nous en avons des exemples, tous les jours, sous nos yeux, en Algérie. Si on a soin de donner des labours et des binages fréquents, la vigne peut donner des récoltes assez régulières pendant un certain nombre d'années, mais à la longue ces récoltes deviennent toujours plus faibles.

Il n'est pas prouvé qu'une quantité modérée de fumier puisse nuire à la qualité du vin. La preuve en est, c'est que les plus grands vins de Bordeaux et de Bourgogne sont donnés par des vignes régulièrement fumées. Il en est de même pour les meilleurs vins de Champagne. Il est prouvé aussi que le moût des raisins est toujours plus riche en sucre sous l'influence de l'engrais. Ainsi, dans les vignes fumées convenablement, le vin ne perd rien sous le rapport de la qualité et il gagne beaucoup pour la quantité. On a reconnu par l'expérience qu'un kilog. de fumier donnait un kilog. de raisins.

Dans le Beaujolais, pour obtenir 10,000 kilog. de raisins par hectare et par an, on donne annuellement 10,000 kilog. de fumier à la terre ou 30,000 kilog. ou 40,000 kilog. tous les trois ou quatre ans. Or, le vin de Beaujolais est considéré comme le meilleur vin de consommation courante.

En Suisse, sur les bords du lac de Genève, on donne à la vigne des fumures plus fortes encore, soit 20,000 kilog. de fumure par an, ou 60,000 tous les trois ans, et l'on obtient ainsi 20,000 kilog. de raisins par an, par hectare, soit une moyenne de 120 hectolitres à l'hectare.

Dans le Languedoc, avant l'invasion du phylloxéra et en prodiguant les engrais à la vigne, on est arrivé à obtenir 200 et même 300 hectolitres de vin à l'hectare. Ce qu'il y a de vrai, quand on ne fume pas la vigne, c'est qu'on manque de fumier. Pour la vigne, comme pour tous les autres végétaux, il est évident qu'il faut savoir rendre à la terre les éléments enlevés par les récoltes. Le vin, il est vrai, est peut-être la récolte la moins épuisante, mais elle finit toujours à la longue par absorber la fécondité et la fertilité du sol ; c'est sans doute la vigne qui se passe le plus facilement d'engrais, mais c'est aussi la culture qui sait le mieux reconnaître et le mieux payer les engrais qu'on lui donne.

Nous conseillons donc de fumer les vignes en Algérie comme partout ailleurs, et pour cela d'utiliser tous les engrais que l'on peut avoir à sa disposition, et d'abord le fumier de ferme, les marcs de raisin, les tourteaux de lin, de coton, de colza, etc. ; les chiffons de laine surtout sont excellents. On peut aussi employer en Algérie les engrais verts que l'on enfouit dans le sol : ainsi les lupins.

Il faut surtout éviter les engrais à odeur forte ou à mauvaise odeur. On peut employer les engrais chimiques, enfin il faut surtout utiliser tous les débris de la vigne.

22° Consommation de la vigne en engrais.

M. Marès (de l'Hérault) a constaté qu'une vigne d'aramon donnant à l'hectare 120 hectol. de vin, 16 kilog. 80 de marc, 3,160 kilog. de sarments, enlève au sol :

	Potasse.	Azote.
120 hectol. vin...............	12 kil.	2 kil.
16 kilog. 80 marc..........	7 kil. 75	15 kil. 42
3,160 kilog. sarments	4 kil.	3 kil. 41
TOTAL.........	23 kil. 75	20 kil. 83

M. Boussingault (professeur de chimie agricole à l'Institut agronomique de Paris) a trouvé qu'une vigne (récolte faite en Alsace) ayant donné 33 hectol. de vin à l'hectare, 290 kilog. de marc, 1,543 kilog. de sarments, a enlevé au sol :

	Potasse.	Acide phosphorique.
33 hectol. vin...............	7 kil. 10	2 kil. 05
290 kilog. marc.............	2 kil. 73	1 kil. 33
1,543 kilog. sarments........	6 kil. 78	2 kil. 91
TOTAL.......	16 kil. 61	6 kil. 29

D'après M. Joulie, la quantité d'engrais nécessaire pour produire 30 hectolitres de vin est de 11 kilog. d'acide phosphorique, 30 kilog. 800 gr. de potasse, 44 kilog. 800 gr. de chaux et 8 kilog. 800 d'azote.

Ces chiffres démontrent la nécessité de fumer les vignes.

Pour les vins ordinaires, l'emploi des engrais à dose modérée est avantageuse. Pour les vins fins, on pourra se borner à donner des engrais qui soutiennent et activent la végétation et la fructification (engrais potassiques et phosphatés) ; et en tous cas, il faudra toujours proportionner la quantité d'engrais à la production moyenne du cépage.

Mais, avant tout, il faut la bonne culture, la main-d'œuvre, les labours souvent répétés qui sont plus nécessaires que l'engrais ; mais quand on fume la vigne, il faut aussi perfectionner la culture.

En Algérie, le colon devra d'abord consacrer son capital à bien cultiver, et il ne devra employer les engrais qu'après avoir pourvu aux besoins de la culture.

23° Engrais et amendements de la vigne.

La vigne demande tout à la fois de l'azote, du phosphate de chaux et de la potasse. Les deux premiers de ces éléments agissent surtout pour donner à la vigne une végétation puissante et vigoureuse et le troisième favorise la production du sucre dans le raisin.

Tous les engrais qui renferment ces trois corps dans des proportions convenables et dans un état assimilable comme dans le bon fumier de ferme peuvent donc lui être appliqués. On fait usage, pour fertiliser les vignobles, des fumiers de ferme, du fumier de mouton, des chiffons de laine, de la cornaille, des tourteaux, des marcs de raisin, de différentes plantes ; enfin on peut aussi employer divers engrais chimiques.

Le fumier de ferme s'emploie, à la dose de 20,000 à 40,000 kilogrammes, tous les 3 ou 4 ans.

Dans les terrains argileux, on devra préférer les engrais pailleux, tandis qu'au contraire, dans les terrains sableux, on devra employer du fumier entièrement consommé. C'est du reste une règle qui est commune à toutes les cultures.

Crotins de mouton. On les emploie à la dose de 1,500 kilog. tous les trois ans.

Chiffons de laine. Ils sont surtout très appréciés pour les terrains secs, où ils maintiennent une fraîcheur favorable aux vignes. En se décomposant, ils favorisent la nitrification. On les emploie à la dose de 1,200 à 1,500 kilog. par hectare, et leurs effets se font sentir pendant 4 ou 5 ans.

Cornailles. — Ces substances sont aussi très bonnes, mais avant de les employer, il faut hâter leur décomposition par leur mélange avec de la chaux.

Tourteaux. — Les graines oléagineuses renferment surtout de l'azote et du phosphore. On les emploie à la dose de 2,000 kilos à l'hectare. Ils sont entièrement absorbés dans l'année qui suit leur emploi.

Cendres. — A ces derniers engrais qui renferment peu de potasse, il est bon d'ajouter des sels de potasse à raison de 4 à 500 kilog. par hectare. On peut aussi remplacer les sels de potasse par des cendres. La teneur en potasse des cendres varie suivant le bois dont elles proviennent.

Marcs de raisin. — Ils sont très bons, surtout dans les terres calcaires, parce que ces terres facilitent la décomposition des marcs : pour les employer dans les autres terrains il faut les mélanger avec de la chaux, de la marne, des cendres.

Engrais verts. — Enfin, on peut aussi employer pour engrais de la vigne un certain nombre de plantes : ainsi les lupins, une quantité de plantes marines que l'on recueille au bord de la mer, les lentisques, les roseaux, et en général toutes les plantes qui croissent dans la broussaille, peuvent être enterrés et améliorer beaucoup les terres argileuses.

24° Engrais chimiques convenant à la vigne.

Les divers engrais chimiques où l'on rencontre l'azote, l'acide phosphorique et la potasse mélangés dans de bonnes proportions, peuvent aussi être employés soit comme compléments d'autres engrais incomplets, soit mélangés dans des proportions convenables pour suffire aux engrais de la vigne.

Si la végétation est faible, il faudra surtout employer des engrais azotés.

Formules de mélanges : Voici des proportions dans lesquelles divers éléments doivent être réunis. Ce sont des mélanges à expérimenter :

Pour la fumure d'un hectare.

1° Phosphate de chaux........................	600 kil.
Nitrate de potasse........................	200 —
Sulfate de chaux........................	300 —
Sulfate d'ammoniaque........................	300 —
	1.400 kil.
2° Phosphate de chaux........................	400 kil.
Nitrate de potasse........................	340 —
Sulfate de chaux........................	260 —
	1.000 kil.
3° Sulfate d'ammoniaque........................	300 —
Sulfate de chaux........................	500 —
Sels alcalins de Berre provenant des marais salants........................	400 —
	1.200 kil.

25° Epoque à laquelle doivent être appliquées les fumures.

L'époque la plus favorable est en hiver, lors du premier labour. La répartition des engrais dans les vignes peut se faire de trois manières :

1° Dans les cuvettes de déchaussement ;

2° Dans les fossés creusés dans l'intervalle des lignes ;

3° Sur toute la surface de la vigne.

Le premier système offre l'inconvénient d'accumuler l'engrais dans la région où il a le moins de chance d'être absorbé. Le chevelu des racines se trouve à la périphérie, c'est là que se fait l'assimilation la plus complète.

Le second procédé entraîne la destruction d'un grand nombre de radicelles.

L'épandage sur toute la surface a l'avantage de porter l'engrais partout où il se trouve une racine ; de plus, l'enfouissement se fait à la charrue dans la couche supérieure du sol où ne se trouvent pas les racines. L'expérience a démontré la supériorité de ce dernier procédé.

26° Taille de la Vigne.

La taille de la vigne varie suivant les pays et suivant les cépages ; c'est de toutes les questions de viticulture la plus controversée. Chaque pays, chaque viticulteur, chaque colon prétend que son système de taille est le meilleur. Ce qui est certain, c'est que la vigne vit sous toutes les formes qu'on veut lui imposer, et malgré toutes les mutilations qu'on lui fait subir elle donne des produits ; seulement sa fécondité varie beaucoup suivant le système de taille.

Examinons les principaux modes de taille qu'on peut donner à la vigne. On peut donner à chaque cep un seul courson et ce courson portera de un à trois yeux. On lui donnera 2, 3, 4, 5, 6 coursons et même plus portant chacun un ou deux yeux. Tous ces modes rentrent tous dans la *taille courte.*

On peut, par la taille longue, donner à chaque cep un courson à 2 yeux et un long bois portant 5 à 20 yeux (taille du Dr Guyot).

On peut tailler aussi à 2 coursons long bois (comme on fait dans le Bordelais).

On peut avoir un nombre indéfini de longs bois comme dans le système des chaintres.

Enfin, on trouve en Italie, en Kabylie et dans bien des endroits, des vignes montant sur des arbres, et jetant des sarments de 5 à 10 mètres de long formant d'immenses festons.

Quelquefois la vigne est réduite à l'état de tête de saule ou tête de chat. Dans cette taille on coupe les sarments de manière à ne laisser qu'un borgne.

D'autres fois la vigne se développe dans des proportions gigantesques et chaque cep occupe un grand espace de terrain.

Au milieu de tous ces systèmes, il semble difficile de dire quel est le meilleur ; cependant il est un principe incontesté, c'est qu'en cultivant, chacun se propose de tirer le revenu le plus élevé et que, par conséquent, on doit demander à la vigne les produits les plus abondants, sans nuire à la qualité du vin. La question à résoudre est donc de savoir combien de sarments féconds peut porter un cep occupant un espace donné. Pour cela, voyons comment on taille la vigne dans les pays où la culture est la plus avancée (Bordelais, Bourgogne, Suisse, Algérie).

Dans le Beaujolais, on a 15,000 à 20,000 ceps par hectare, et chaque cep occupe 1/2 ou 3/4 de mètre carré; il est taillé à trois coursons portant deux yeux et porte 6 à 8 sarments féconds, ce qui donne en moyenne 8 à 12 sarments féconds par mètre carré.

Dans le Languedoc et les meilleurs vignobles algériens, chaque cep porte ordinairement 6 à 8 coursons, soit 8 à 10 sarments fructifères par mètre carré.

Dans ces conditions, la vigne reste toujours vigoureuse, toujours féconde et peut, sans jamais s'épuiser, donner d'abondantes récoltes. On peut ainsi, avec les cépages ordinaires, obtenir 80 hectol. de vin par hectare et même 150 hectol. avec des cépages grossiers.

En France comme en Algérie, dans le Nord comme dans

le Midi, tout viticulteur intelligent doit s'efforcer d'avoir toujours de 8 à 12 sarments fructifères par mètre carré.

En Algérie, on a adopté généralement la taille courte qui permet de se passer d'échalas, qui n'exige ni relevage, ni liages.

Cela demande moins de travail et moins de dépenses ; mais pour beaucoup de cépages et surtout pour les cépages fins, la taille longue convient mieux.

En raison aussi de la vigueur de la végétation en Algérie, il ne faut pas craindre de charger un peu les ceps, soit en augmentant le nombre des yeux, soit en augmentant le nombre des coursons.

Dans les contrées exposées aux gelées printanières, la taille longue présente un avantage, attendu que ce sont les bourgeons les plus éloignés du cep qui sont toujours les premiers atteints.

Avec la taille courte et dans les pays sujets à la gelée, on peut arriver aussi au même résultat, en laissant un sarment long qu'on supprime au mois de mai et lorsqu'on n'a plus à craindre les gelées.

La taille exerce une action si considérable sur la production de la vigne que tout ce qui la concerne doit être étudié avec soin.

Nous l'examinerons aux points de vue suivants (d'après le *Manuel de viticulture* de M. Foex) :

1° Production des sarments fructifères ;

2° Forme à donner à la souche, au cep ;

3° La hauteur à donner aux vignes ;

4° L'époque de la taille.

27° Production des rameaux fructifères.

La vigne porte ses fruits sur les rameaux de l'année, qui sont produits par le développement des yeux ou bourgeons des sarments de l'année précédente. On doit donc ménager à la taille, et chaque année, un ou plusieurs de ces yeux ou bourgeons qui doivent donner les sarments fructifères.

Le vigneron doit surtout se rappeler que :

1° Les bourgeons développés sur vieux bois ne donnent pas de fruits ;

2° Les bourgeons développés sur des sarments formés pendant l'été produisent des fruits.

Lorsqu'on taille au-dessous de 1 à 3 yeux, on dit que *la taille est courte*. Le fragment de sarment qui est conservé s'appelle alors *courson*. Si, au contraire, on laisse subsister sur les rameaux de l'année précédente un plus grand nombre d'yeux, on dit que l'on fait *la taille longue*, on taille à *long bois*. Le choix de l'un ou de l'autre de ces deux systèmes dépend surtout des cépages. Les uns ont leurs bourgeons fructifères près de la base des sarments de l'année précédente ; on n'a qu'à leur laisser les bourgeons de la base. D'autres, au contraire, portent du fruit surtout par les yeux des extrémités, de sorte qu'il est nécessaire de les tailler longs.

Enfin quelques-uns émettent des rameaux fructifères à tous leurs bourgeons. Dans ces dernières conditions, on peut choisir l'un ou l'autre des modes de taille.

On doit cependant remarquer que toutes les fois que la taille longue est possible, elle donne plus de produits que celle à coursons.

La plupart des cépages cultivés en Algérie ne se comportent bien qu'à la taille courte ; aussi c'est pour cette raison qu'elle est généralement préférée.

Taille courte. — Le premier élément à considérer est le choix du sarment qui doit fournir le courson. Au point de vue de la production du fruit, on doit préférer un sarment de vigueur moyenne, bien sain, bien aoûté. Ceux qui ont un développement trop considérable, donnent plutôt du bois, tandis que les petits ne fournissent pas une végétation suffisante.

Il est en outre nécessaire, pour maintenir la bonne conformation de la souche, de choisir pour l'établissement du courson un sarment dirigé de manière à assurer un prolongement convenable au bras qui le porte. On doit donc, dans les vignes conduites en gobelets, prendre un sarment suivant une direction rayonnant du centre vers l'extérieur, et en outre une direction oblique plus ou moins ascendante suivant le port particulier du cépage cultivé.

Enfin on cherchera à se rapprocher de la verticale pour les cépages étalés, couchés, dont la souche a une tendance à trop s'ouvrir; et, au contraire, pour les cépages érigés il faudra se rapprocher de l'horizontale. De plus, il est nécessaire, pour éviter une élongation trop rapide des bras, de chercher le courson aussi près que possible de la taille précédente.

Les sarments une fois choisis comme porteurs, on supprime tous les autres, puis on rabat les porteurs à la longueur voulue, c'est-à-dire à deux yeux plus le borgne.

Quelquefois on laisse un troisième et quatrième œil dans les vignes exposées à la gelée. De même, lorsque l'on a à tailler des cépages très fructifères et lorsqu'on tient à augmenter la récolte, on peut aussi laisser un ou deux yeux de plus.

La section doit être faite, si le mérithalle n'est pas trop long, sur le nœud immédiatement supérieur au dernier bourgeon, et bien perpendiculaire à l'axe du sarment. On opère ainsi sur une cloison ligneuse qui préserve la mœlle de la pénétration de l'eau et de la pourriture.

Fig. 11.

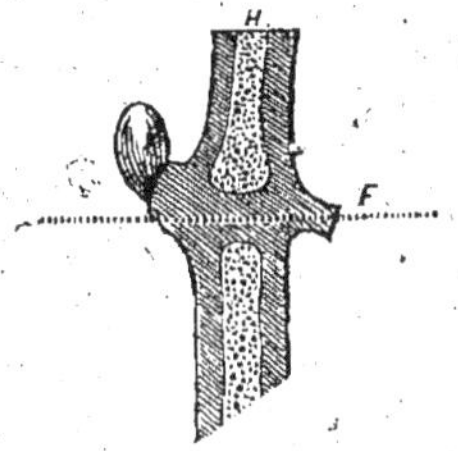

Dans le cas, au contraire, où les nœuds sont éloignés, on coupe alors à quelques centimètres au-dessus de l'œil supérieur à conserver, et cela d'une manière oblique.

La disposition inclinée facilite l'écoulement de l'eau et diminue les chances d'altération.

Taille longue ou à long bois. — Les indications sont les mêmes pour l'établissement des coursons : seulement le long bois devant nourrir un plus grand nombre de rameaux que ces derniers, généralement aucun d'entr'eux ne peut prendre un développement suffisant pour pourvoir au remplacement de l'année suivante.

Les principaux systèmes de taille longue sont le système du Bordelais et celui du Dr Guyot.

Avant l'apparition du sécateur, qui eut lieu en 1823, on taillait la vigne avec la serpette et la serpe. Pour qu'un sécateur soit bon, il faut que les deux lames soient aussi rapprochées que possible, et qu'elles n'éraillent pas le sarment, ce qui fait toujours du mal à la plante.

Il faut, lorsqu'on taille la vigne, employer la scie le moins possible, car les blessures faites aux plantes avec la scie sont toujours difficiles à guérir.

Pour former les coursons, on taille sur les sarments les mieux placés pour laisser le moins possible de vieux bois sur la souche. C'est ce qu'on appelle couper le vieux bois et tailler sur le jeune, ou encore tailler le vieux bois et former le jeune, parce qu'on coupe le bois de l'année précédente afin d'éviter autant que possible l'accumulation de vieux bois sur le cep.

On y déroge cependant lorsque le sarment inférieur n'est pas assez fort pour former un bon sarment fructifère ou lorsqu'il n'est pas bien placé comme symétrie.

Le vieux bois qui est le produit successif de la taille de chaque année finit par affaiblir et stériliser la vigne, lorsqu'il est trop long et trop noueux. C'est pour cette raison qu'on taille de manière à ne point en charger trop vite la souche.

C'est encore pour la même raison qu'il ne faut pas laisser trop de longueur aux coursons. Il vaut mieux, pour obtenir sur une souche la même quantité de rameaux fructifères, augmenter le nombre des coursons et diminuer leur longueur. Plus tard, il est toujours facile de supprimer ceux qui sont de trop.

Les vignes qu'on veut épuiser rapidement pour les arracher ensuite, sont taillées long sur leurs coursons ; en outre, on peut laisser des sarments entiers que l'on courbe en cerceaux.

Fig. 12.

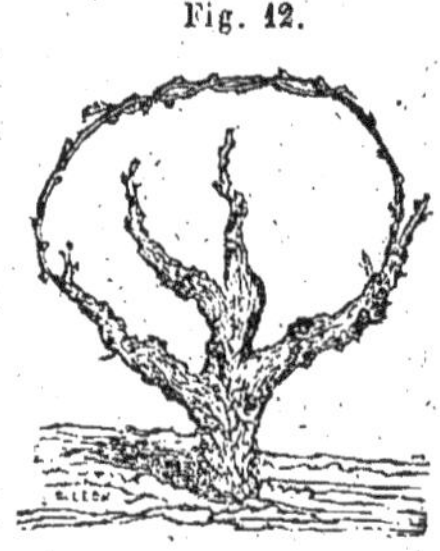

La taille étant l'opération capitale dans la culture de la vigne, celle qui exige le plus d'observation et de soins, il faut surtout se conformer aux principes suivants :

1° Tailler les vignes de décembre à février ;

2° Bien nettoyer les souches de tous les bois morts, brindilles, gourmands, etc. ;

3° Bien raser à la base les sarments qu'on enlève ;

4° Eviter de faire de larges plaies ;

5° Tailler autant que possible les sarments par dessous ;

6° Sur un pied chétif on laissera moins de coursons et on taillera court, tandis que sur un pied robuste on fera le contraire.

28° Forme à donner à la souche.

Des vignes que l'on astreint à une forme régulière sont conduites, soit en gobelets, en espaliers ou en cordons.

Dans la forme en gobelet, un cep plus ou moins haut, suivant les circonstances, supporte un certain nombre de bras ou coursons qui divergent formant une sorte de vase.

Fig. 13.

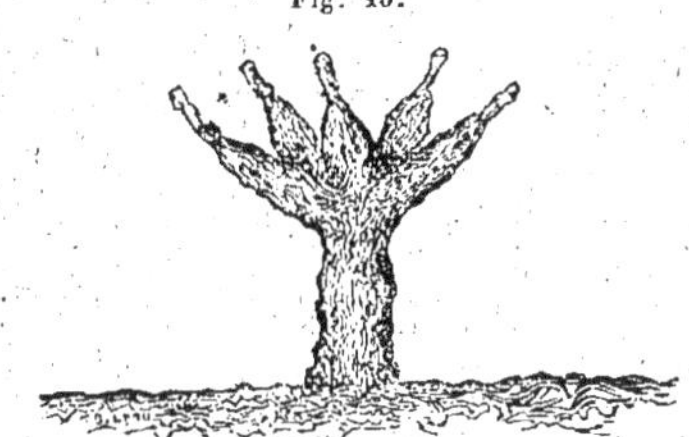

Ce système est le plus généralement employé en Algérie. Il présente en effet l'avantage d'assurer une égale répartition des rameaux sur toutes les parties du sol environnant et de l'abriter contre la sécheresse. Il se prête bien au croisement des labours, au remplacement par provignage. Enfin, mieux que tout autre, il permet de se passer d'échalas et de soustraire les raisins à l'action trop directe des rayons solaires qui peut en entraîner le grillage, ou diminuer tout au moins leur volume. Le nombre de bras à laisser aux ceps doit varier suivant leur plus ou moins grande vigueur. On doit en augmenter le nombre lorsque l'on voit naître sur le vieux bois des bourgeons qui sont toujours improductifs. On doit au contraire les diminuer si on constate une diminution trop sensible dans la longueur des sarments. On associe généralement la forme en gobelet avec la taille à coursons; pourtant il est possible de laisser outre le courson, sur un ou plusieurs bras, un long bois que l'on recourbe en cerceau au-dessus de la souche et que l'on fixe en l'enlaçant avec un autre (voir fig. 43). Il faut seulement avoir soin de faire porter successivement chaque année les longs bois par des bras différents, à cause du développement plus considérable qu'il provoque chez ces derniers. Avec ce système, le fruit ne traîne pas sur le sol.

La forme en espaliers est celle dans laquelle les bras de la souche se répartissent symétriquement dans le même plan.

Fig. 14.

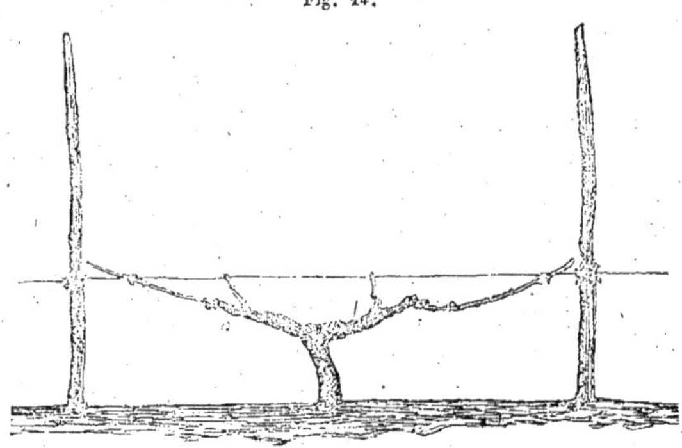

Elle est appropriée aux pays où le raisin a besoin pour mûrir d'être exposé directement à l'action des rayons solaires. Elle offre l'inconvénient d'exiger plus de soins afin de maintenir un même degré de développement entre ses diverses parties correspondantes.

On doit préférer à la culture en espaliers celle en cordons qui est d'une conduite plus facile. Ce qui caractérise cette dernière forme, c'est que le cep suit une direction unique, horizontale ou oblique. Il est formé par un cep qui porte des longs bois et des coursons.

Fig. 15.

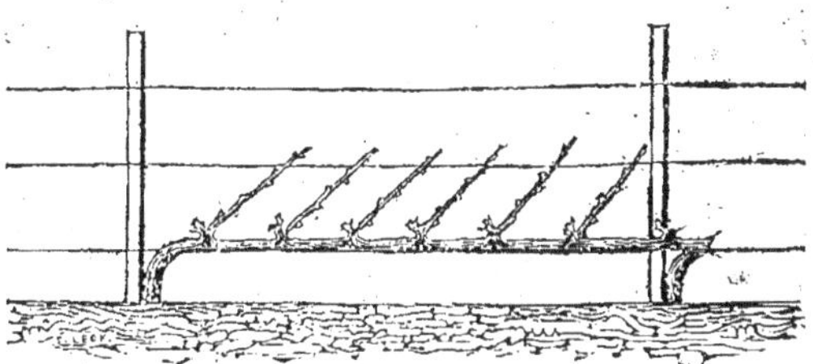

Enfin, le procédé de *culture de la vigne en chaintre* qui est une application de la culture en espalier sur le sol.

Fig. 16.

Ce système a pris naissance en France, en Touraine, il y a une quarantaine d'années.

Dans les chaintres, les souches sont très espacées entre elles (5 à 6 mètres de distance) ; elles sont formées par une charpente à bras symétrique étendu horizontalement au-dessus du sol et supporté par de petites fourches en bois fichées en terre qu'on appelle des fourchines.

Ce système est essayé actuellement en Algérie dans plusieurs localités, et jusqu'à présent il n'a pas produit des résultats qui permettent de se prononcer sur ses avantages et sur ses inconvénients.

Cependant on peut dire que dans les terrains accidentés et à très bon marché, il peut y avoir avantage à essayer des chaintres, parce qu'il y a économie dans la plantation.

D'un autre côté, la culture en chaintre offre l'inconvénient d'exiger, pendant les labours d'été, des déplacements qui entraînent souvent le grillage du raisin.

29° Hauteur à donner à la souche.

On peut classer les vignes, au point de vue du développement qu'on leur laisse prendre, en trois catégories :

Les vignes basses.

Les vignes moyennes.

Les vignes hautes.

1° Les vignes basses sont celles dans lesquelles les rameaux naissent près de terre et les fruits, par conséquent, se trouvent à une faible hauteur au-dessus du sol.

Ordinairement, on donne à ces vignes basses, en Algérie, une hauteur de 0^m25. Ce sont celles qui donnent les raisins les plus sucrés à cause de la proximité du sol. Ils sont soumis, en effet, très directement aux effets de reverbération et de rayonnement qui s'y produisent. Cela facilite la maturation, mais l'action du rayonnement qui se manifeste en été par une émission de la chaleur absorbée en excès pendant le jour par la terre, au profit des objets voisins, se traduit, au contraire, au printemps par un abaissement de température du sol et des corps voisins qui peut arriver jusqu'à 0° et au dessous. Cet abaissement de la température résulte de la déperdition du calorique qui s'effectue dans les nuits sereines, du sol vers le ciel.

Les souches basses doivent donc éprouver plus que les autres l'influence des gelées blanches ; aussi ne peut-on cultiver la vigne, dans ces conditions, que dans les climats chauds ou sur les coteaux où ces accidents sont moins à craindre.

On devra, sans hésiter, adopter les souches basses toutes

les fois qu'on se trouvera placé dans les localités où les gelées ne se font pas sentir, et cela à cause de la qualité, de la supériorité des produits qu'on obtiendra.

2° Les vignes hautes et moyennes, au contraire, dans lesquelles on ne laisse développer les rameaux qu'à une certaine hauteur (0^{m}40, 0^{m}50, 0^{m}60) pour les soustraire à l'action du rayonnement nocturne, donnent des vins peu riches en sucre, et on ne doit en faire usage que lorsqu'on ne peut pas l'éviter.

Il est, du reste, rare que l'on soit obligé d'avoir recours à ces procédés, en Algérie, à moins que ce ne soit dans les bas-fonds, près des rivières ou sur les hauteurs de neuf cents à mille mètres.

30° Epoque de la taille.

La taille peut, à la rigueur, se faire pendant toute la durée du repos de la végétation. Il est préférable cependant de ne pas l'effectuer lorsque lés froids prennent une certaine intensité.

Le bois est alors plus cassant, les tissus fraîchement coupés risquent de s'altérer sous l'influence de la gelée. On peut aussi être amené à ne tailler que tardivement dans les endroits où les gelées sont à redouter ou lorsqu'on a affaire à des cépages précoces.

Tant que les sarments ne sont pas enlevés, on ne peut pas procéder aux labours, et alors ceux-ci sont renvoyés à une époque tardive et à un moment où tous les labours devraient être faits. Pour éviter cela, on coupe tous les sarments qui ne doivent pas servir à donner des coursons, puis on taille les autres provisoirement à 0^{m}3 ou à 0^{m}4 pour les rabattre ensuite à la longueur voulue quand le moment est venu de le faire.

31° Déchaussement.

Le déchaussement est effectué en vue de cultiver d'une manière complète le pied de la souche. Il permet d'en faire disparaître les herbes et de faire périr, sous l'influence du froid et des labours, les larves, les insectes qui se cachent sous les vieilles écorces de la plante. Il facilite en outre la destruction des drageons. Il permet aussi l'enlèvement des racines superficielles. Enfin, on emploie aussi le déchaussement pour l'enfouissement des engrais.

Les déchaussements peuvent se faire, soit en godet ou en cuvette, soit en fossés continus le long des lignes de vignes.

Dans le premier cas, on opère à bras et les excavations ont quinze à vingt centimètres de profondeur.

Dans le second cas, le déchaussement se fait en même temps que le premier labour, et il peut être fait à bras ou à la charrue. Lorsqu'on fait usage de la charrue, on emploie pour cela des charrues particulières qu'on appelle des déchausseuses dont le versoir approche jusque sous le cep sans le toucher.

32° Labours de la vigne.

Les vignes reçoivent généralement pendant l'année trois labours successifs. Le premier est destiné à ameublir le sol et à le soumettre aux influences atmosphériques ; les deux autres sont donnés en vue de l'entretenir frais et net de mauvaises herbes.

Premier labour. — Le premier labour doit être plus profond que les suivants ; il doit l'être d'autant plus que le sol est plus sec, afin d'assurer l'absorption d'une plus grande quantité d'eau.

Dans les terres naturellement fraîches, où le chevelu qui

naît chaque année près de la souche persiste pendant l'été, on peut être arrêté par la crainte de détruire les radicelles. Le premier labour doit avoir de 10 à 20 cent. au plus de profondeur : ainsi, 0^{m}20 maximum dans les terrains secs, 0^{m}10 dans les terrains naturellement frais. Le premier labour peut s'effectuer soit à bras, soit à la charrue.

Lorsqu'on doit labourer avec des instruments à cheval, il est préférable d'employer des charrues déchausseuses. On enraie en adossant au milieu de la planche et on laisse les dérayures le long des souches qui se trouvent ainsi déchaussées.

Le premier labour se donne ordinairement de décembre en février.

Il est dangereux d'en retarder l'exécution dans les terrains bas, exposés aux gelées blanches. Il ne faut pas non plus effectuer le premier labour trop tôt, car sans cela la terre risque de se couvrir d'une quantité de mauvaises herbes.

En tous cas, il ne faut pas labourer, remuer la terre lorsqu'elle est mouillée et qu'elle s'attache à la chaussure et aux outils.

Deuxième labour. — Le second labour est destiné à détruire les mauvaises herbes qui se sont développées au printemps. Il sert aussi à combler les raies laissées ouvertes par le premier labour, et contribue à ameublir la surface du sol en vue de diminuer la sécheresse. Le second labour peut se donner à bras, mais on le pratique généralement avec des attelages. Pour cela on se sert soit d'une petite charrue ou encore mieux d'une houe, ou d'un scarificateur.

L'emploi de ces houes, de ces scarificateurs est très avantageux, parce qu'ils ne laissent pas de sillons et pulvérisent bien le sol.

C'est du mois de mars à mai que l'on donne le plus souvent le second labour. Il faut éviter de le faire coïncider avec le moment de la floraison.

Troisième labour. — La troisième façon à donner à la vigne n'est, à proprement parler, qu'un binage superficiel. On est obligé de le donner à bras quand on a affaire à des cépages étalés. Dans les autres cas, on a encore des houes vigneronnes qui varient de formes suivant les sols, les cépages et le but qu'on se propose.

On exécute ordinairement le troisième labour de juin à juillet, et il faut éviter avec soin de toucher aux raisins ou de les découvrir.

Le nombre de labours que nous venons d'indiquer n'est pas absolu, mais on doit le considérer comme un minimum. On a généralement intérêt à multiplier les façons d'été, depuis le mois d'avril jusqu'en juillet, et surtout à faire une guerre acharnée au chiendent.

33° Travaux d'été dans la vigne.

Dans beaucoup de contrées viticoles, surtout dans le Midi et en Algérie, quand on a taillé la vigne pendant l'hiver, on l'abandonne à sa végétation naturelle. Cependant cette végétation peut être habilement dirigée par plusieurs opérations différentes, telles que : l'ébourgeonnage, le pinçage, l'effeuillage, le rognage, le mouchage.

1° *Ébourgeonnage*. — Lorsque la vigne a été bien taillée, on doit supprimer avec soin tous les gourmands qui peuvent sortir, soit du vieux bois, soit des rameaux. Cet ébourgeonnage doit être fait avec soin, et il ne faut laisser aucun gourmand.

En Algérie, on entend souvent dire qu'il est bon qu'il y ait un grand nombre de sarments pour que les raisins soient abrités du soleil et du vent. Ces raisons n'ont pas de valeur quand la souche a le nombre nécessaire de sarments.

Les gourmands sont nuisibles, en ce qu'ils absorbent la sève et déforment le pied de vigne.

Dans les cépages sujets à trop s'allonger, qui donnent beaucoup de bois, il suffit de pincer les sarments afin de faire disparaître le danger.

L'ébourgeonnage, dans une vigne bien conduite, ne présente aucun inconvénient, tandis que les avantages sont considérables. Une vigne est bien plus productive quand elle ne porte que des sarments féconds que si la moitié de ces sarments ne portent pas de fruits.

Il est à remarquer aussi que l'ébourgeonnage n'est pas une dépense, mais bien une économie, car tout gourmand qui s'est développé doit être supprimé tôt ou tard. S'il ne l'a pas été au printemps, il le sera à la taille suivante.

L'ébourgeonnage a pour règle absolue de supprimer tout ce qui sort du vieux bois ou des racines, quand même on pourrait y voir des fruits.

2° *Pinçage et rognage.* — Ces deux opérations sont de même nature et ont le même but : celui d'empêcher l'allongement trop considérable des sarments.

Le pinçage se fait en coupant avec l'ongle l'extrémité supérieure du sarment.

Le rognage se fait en coupant avec un instrument tranchant, à une hauteur convenable, les sarments déjà durs.

Le pinçage a pour effet de refouler la sève vers les parties inférieures du sarment. Quand on peut le faire un peu avant la floraison, cela favorise la fécondation et empêche la coulure.

En général, on n'applique pas le rognage et le pinçage sur les vignes qui ne sont pas très vigoureuses. Cependant on peut pratiquer ces opérations sur des cépages faibles, sur l'alicante, par exemple, qui coule facilement. Par le rognage, on permet aux instruments aratoires de circuler plus librement dans les vignes.

Quant aux vignes soumises à la taille longue, le pinçage et le rognage sont absolument indispensables. C'est un moyen de rétablir l'équilibre entre les branches à fruit et celles à bois.

3° *L'effeuillage*. — Dans les pays où la chaleur n'est pas suffisante, on supprime souvent une partie des feuilles pour faire mûrir les raisins, mais ce n'est pas le cas en Algérie.

4° *Le mouchage*. — C'est une opération qui consiste à supprimer avec l'ongle la partie inférieure de la grappe. Elle empêche la coulure. Cette opération se fait au moment de la floraison ; on pourrait l'essayer sur l'alicante.

34° Maladies de la vigne.

La vigne est exposée, pendant le cours de sa végétation, à une foule d'accidents résultant de l'action de divers phénomènes météorologiques ou des attaques de divers parasites, animaux ou végétaux ; enfin, à certaines maladies qui portent un préjudice plus ou moins considérable aux récoltes, et qui peuvent même occasionner sa mort.

Nous étudierons en premier lieu :

1° *Accidents résultant des intempéries*, qui comprennent la gelée, la grêle, la coulure, l'échaudage, l'humidité qui entraîne la pourriture.

35° Gelées.

Les gelées d'hiver sont rarement à redouter sur le littoral en Algérie.

Dans les années excessivement froides et dans les régions élevées, les coursons peuvent être gelés.

A Médéah, Milianah, aux environs de Constantine, qui

sont à une altitude de 500 à 1,000 mètres, ce fait se présente quelquefois. Les vignes du littoral sont atteintes par la gelée une fois en vingt ans, jusqu'à l'altitude de 400 mètres ; de 400 à 500 mètres elles le sont plus fréquemment ; enfin, de 700 à 1,200, les vignes sont très souvent atteintes par les gelées. Ainsi, à Sétif, à une altitude de 1,100 mètres, la vigne réussit très bien, mais elle est sujette aux gelées comme en Europe. On la protège au moyen de chapeaux en papier goudronné, en forme de cornets.

Dans ces pays sujets aux gelées, les vignerons préfèrent l'exposition de l'ouest et celle du nord à celle de l'est ou du sud qui reçoivent les premières les rayons du soleil et ont un dégel brusque qui fait périr les plantes. Les dégâts produits par la gelée sont toujours les résultats du dégel rapide. En Algérie, les cépages qui souffrent le moins de la gelée sont : le mourvèdre, le mourastel, le carignan.

Les cépages qui ont le mieux repoussé après le gel sont : l'aramon, le petit bouschet, le cinsaut.

Pour éviter ces gelées, il faut avoir soin de choisir des cépages qui débourrent tard ; on doit faire la taille longue et on a soin de laisser à chaque cep un sarment qui doit servir de paragel.

Dans le cas où les coursons ont été gelés, il faut alors recéper la souche, ou, ce qui vaut encore mieux, les greffer.

Les gelées de printemps sont les plus à craindre, parce qu'elles attaquent la vigne au moment où la végétation a commencé, et par suite elle est plus accessible aux effets du gel.

Ces gelées de printemps se produisent sous deux formes :

1° Les gelées à glace (toutes les fois que la température descend au-dessous de 0°).

2° Les gelées blanches (se produisent lorsque la température du sol est supérieure à zéro).

Les gelées à glace sont déterminées par un abaissement général de la température ; elles ont lieu aux mois de mars et avril ; elles manifestent leurs effets par la destruction des jeunes rameaux ou par l'arrêt de la végétation (donnent lieu à des arrêts et des retours de sève, la vigne donne alors moins de produit et est maladive).

En mai et avril, les yeux gelés malgré leur duvet ne repoussent plus. Il arrive souvent que le courson lui-même périt et entraîne la perte du bras qui le porte. La récolte est alors perdue pour plusieurs années. Les retours de sève occasionnent aussi sur les vieux bois des souches, aux bifurcations des branches, le développement de broussins d'apparence spongieuse, bien que leur consistance soit dure. Ils sont dus à des accumulations de sève qui, ne pouvant s'organiser dans les yeux détruits, forme une excroissance, d'abord demi-ligneuse, ou verdâtre, ensuite tout à fait ligneuse. Ils défigurent les ceps ; et, comme ils pénètrent dans l'intérieur, il convient de les enlever ou d'emprunter les membrures sur lesquelles ils se trouvent. On ne connaît encore aucun moyen pratique de se préserver de ces accidents. (Les gelées à glace sont assez rares en Algérie, mais ont lieu fréquemment en Europe).

Les vignobles atteints par ces gelées doivent être soignés, cultivés avec plus de soins afin de fournir à la vigne une nourriture plus abondante et de réparer ainsi les fâcheux effets produits par la gelée.

Les gelées blanches sont produites par un refroidissement du sol résultant du rayonnement qui s'établit de la surface de la terre vers le ciel (ce qui a lieu par une nuit calme, sans nuage). Ce phénomène se rencontre fréquemment, en hiver, en Algérie. L'air a une température supérieure à zéro, mais le sol et les plantes gèlent si leur température s'abaisse jusqu'à zéro.

La désorganisation produite par les gelées sur les jeunes rameaux à tissus lâches, tendres et gorgés de sucs, ne paraît pas provenir d'une dessiccation des tissus causée par la congélation des liquides à l'intérieur des vaisseaux, mais de la brusque transition que subissent les jeunes rameaux encore couverts de cristaux de glace quand un soleil ardent vient à les échauffer.

Ce qui prouve ce fait, c'est que lorsqu'on soustrait les plantes gelées aux rayons solaires, ou lorsque le dégel a lieu par un temps couvert, celles-ci ne paraissent pas avoir beaucoup souffert.

Les jeunes rameaux des vignes qui sont le plus rapprochés du sol participent à cet abaissement de température et ils sont détruits si leur température s'abaisse jusqu'à 0°. Lorsque les végétaux à tissus tendres, comme la vigne, sont couverts de gelée blanche, ils sont dans un état d'équilibre qu'il est fort dangereux de rompre. Ainsi, un rameau blanchi par la gelée et garanti par un abri, noircit si on vient à le toucher avec la main, avec une étoffe, une baguette. Sur les tiges de luzerne, de mûrier, on obtient le même effet. Le simple contact suffit pour désorganiser ces jeunes tissus, comme la brusque transition du gel au dégel. Ce sont surtout les endroits bas et humides qui sont le plus exposés à l'action de ce phénomène, et c'est en avril ou au commencement de mai, vers les 4 ou 5 heures du matin, qu'on a le plus à le redouter.

Lorsque le sol d'une vigne est couvert d'herbes qui retiennent la fraîcheur des rosées, il est plus atteint que s'il n'en existait pas. Si la terre a été remuée depuis peu, le mal est plus grand que si le sol était resté sec, car la couche superficielle, poreuse et peu conductrice, est favorable au dépôt de la rosée qui provoque la gelée blanche.

On peut s'en préserver en élevant les ceps en souches

hautes ou moyennes. On peut aussi éviter les gelées blanches par la taille en laissant les porteurs entiers que l'on taille quand on n'a plus les gelées à craindre.

On peut aussi combattre les gelées blanches au moyen de nuages artificiels qui s'opposent au rayonnement. Ces nuages sont obtenus en faisant brûler dans les vignes des matières donnant une épaisse fumée : telles que des huiles lourdes, du coaltar, des résidus d'usine à gaz, ou bien des broussailles, de la paille mouillée.

36° La Grêle.

C'est un accident heureusement assez rare en Algérie. Lorsque la grêle frappe le jeune rameau à l'état herbacé, elle détermine une désorganisation des tissus attenants aux parties atteintes. Quelquefois il arrive même que le tissu est brisé, coupé, et, par suite, il se produit un arrêt de la végétation et dans le développement des sarments.

Le mieux est alors de tailler tous les sarments qui ont été touchés. Ainsi coupés, ils donnent encore quelquefois une récolte (ce cas s'est présenté dernièrement à Médéah et Berrouaghia).

Quand les orages à grêle ont lieu plus tard, les effets sur les sarments sont moins importants. On perd alors beaucoup de raisins qui sont coupés, fendillés, etc. Dans ces cas, ce qu'il y a de mieux à faire, c'est d'enlever sur les grappes tous les grains qui ont été touchés, car il arrive souvent que la pourriture de ces grains se communique à toute la grappe.

Il va bien sans dire qu'il n'y a aucun moyen d'empêcher la grêle. On a bien prétendu qu'en établissant des paragrêles dans les vignobles, on empêchait ainsi la grêle d'y tomber, mais c'est une erreur. Ces paragrêles étaient de grandes perches dressées dans les vignobles.

Le véritable moyen de parer aux inconvénients causés par la grêle, ce sont les *Assurances contre la grêle*. Lorsque ces sociétés s'étendent sur de vastes surfaces, ce que le propriétaire a à payer est minime, relativement aux pertes que la grêle peut lui causer.

37° Coulure.

On appelle coulure l'avortement des fleurs qui tombent sans nouer leurs fruits. Cet accident est très commun et très grave en Algérie.

Influence de la culture. — On a remarqué que les vignes mal cultivées résistent beaucoup moins que celles qui sont bien tenues. La présence des herbes dans une vigne aggrave la coulure. Enfin, un labour donné mal à propos, un peu avant l'apparition de pluies, de brouillards suivis de coups de soleil, la favorise.

Influence du sol. — Les sols argileux et imperméables qui retiennent l'eau avec une grande énergie, ceux dont le sous-sol est très humide, sont plus exposés que les autres à la coulure.

La coulure est quelquefois due à une conformation anormale. Il y a des plants et des cépages qui coulent toujours. Cela tient à ce que les fleurs sont mal conformées.

Influence de la fleur. — La fleur de certains pieds de vigne appelés *coulards* qui se trouvent plus ou moins nombreux selon les différents cépages, présente des anomalies qui favorisent la coulure ; dans la fleur normale de la vigne les pétales de la corolle se détachent par en bas, et forment un petit capuchon à trois déchirures qui tombe poussé par l'épanouissement du pistil et des étamines.

La fécondation s'opère à l'abri de l'espèce de pavillon formé par les pétales.

Fig. 47.

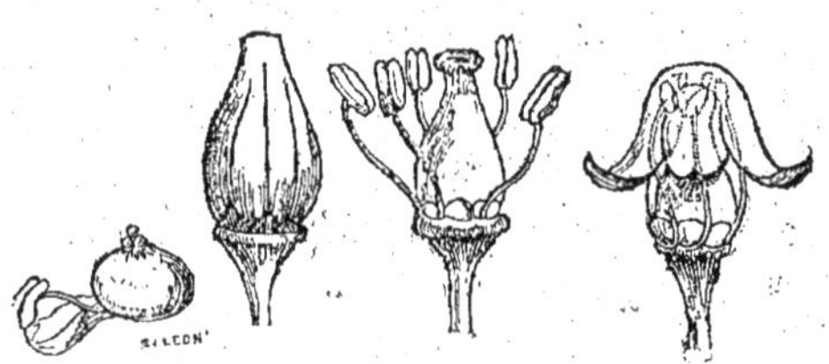

Dans la fleur anormale, au contraire, les pétales s'ouvrent entièrement sur la grappe sans se détacher ; les cinq pétales s'épanouissent complètement, ce qui prive la fleur de l'abri que ces pétales lui forment dans la fleur normale. Dans les fleurs anormales, la fleur est rosacée, les étamines sont plus basses que l'ovaire, de sorte que la fécondation ne se fait pas bien (l'alicante et le carignan sont très sujets à la coulure). Il faut, pour combattre la coulure, faire de la sélection, en choisissant les boutures sur les pieds qui ont le moins coulé.

Fig. 48.

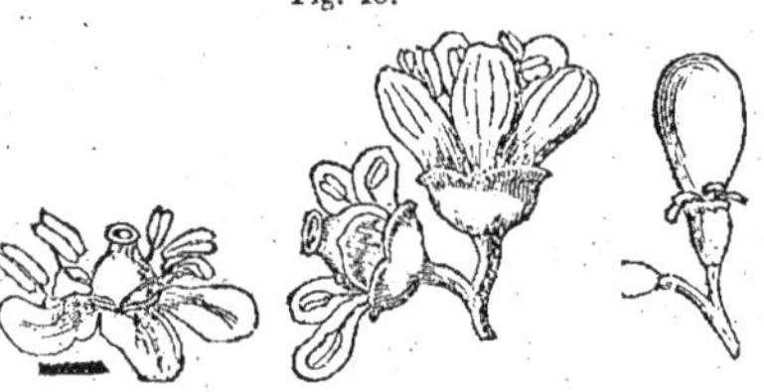

La coulure est le plus souvent produite par les influences météorologiques et le plus souvent par les pluies, l'humidité prolongée, les brouillards, l'abaissement de la température, l'alternative de la rosée et du soleil ardent, et quelquefois, aussi, sous l'influence des vents desséchants.

Les brouillards et l'excès de l'humidité mouillant le pollen qui reste collé à l'anthère et ne tombe pas sur le stigmate, la fécondation n'a pas lieu.

On a proposé pour combattre la coulure différents moyens :

ainsi le pincement et l'incision annulaire. Ces deux moyens sont d'une réelle efficacité, mais d'une application difficile dans les vignobles un peu étendus ; ils présentent aussi des dangers dans les climats chauds. Les soufrages bien faits, répétés, sont le meilleur préservatif de la coulure. Depuis la mer jusqu'à 400 mètres d'altitude, c'est la contrée où la coulure frappe presque tous les ans et où elle fait le plus de ravages.

Les soufrages hâtifs donnés quelques jours avant l'épanouissement des fleurs (en mai, lorsqu'on voit apparaître les grappes), paraissent constituer le moyen le plus efficace et le plus pratique d'empêcher la coulure (le soufre agit sur la vigne comme il agit sur les légumineuses et les crucifères).

Le pincement consiste à couper, pincer la partie supérieure des sarments fructifères. Il se pratique un jour ou deux avant la floraison. La sève se porte toute sur la grappe qui, recevant plus de nourriture, devient plus forte et la fécondation se fait beaucoup mieux.

Dans le Midi, on pratique surtout le pincement sur la clairette. Ce cépage a une telle vigueur et s'emporte si facilement en bois qu'on les châtre toujours dans le courant de la semaine qui précède la floraison. On pratique l'opération en passant entre les rangées de souches et en abattant avec une baguette l'extrémité des sarments.

Lorsqu'on pratique le pincement sur tout autre cépage que la clairette, la récolte est sensiblement augmentée la première année, mais les années suivantes la vigne dépérit considérablement et la récolte diminue. Le pincement doit surtout être évité chez les vignes vieilles, qui présentent un juste équilibre entre la production du bois et celle du fruit.

Un des inconvénients du pincement est d'enlever une grande partie des feuilles qui, ordinairement, abritent le raisin du soleil et du siroco.

Ainsi donc, le soufrage est encore le moyen le plus économique et le plus pratique pour parer aux inconvénients de la coulure.

38° Échaudage.

Ce n'est pas un accident bien grave, et, le plus souvent, il est produit par le fait de l'homme, ou sous l'influence d'un fort coup de soleil sur la vigne.

L'échaudage se manifeste par la flétrissure et l'arrêt de développement des raisins et presque toujours il est le résultat des chocs que les souches, et surtout les raisins, supportent pendant les labours d'été (exemple: vignes en chaintres).

Quelquefois, aussi, l'échaudage est produit par l'action d'un soleil brûlant sur un sol trop humide. (Dans un terrain humide la plante est gorgée d'eau, survient un fort coup de soleil qui détermine l'évaporation de cette eau.) Dans ces vignes-là, le drainage est le seul moyen de remédier à cet inconvénient.

Les cépages qui souffrent le plus de l'échaudage sont : l'aramon, surtout dans les terrains maigres, le morastel, le piquepoul, le grenache et l'espar. Le chasselas paraît très rebelle à l'échaudage ; on a vu des raisins de chasselas, couchés en plein soleil, n'être nullement flétris ou détériorés.

39° Pourriture des raisins.

Les raisins des variétés à grains aqueux et à peau fine pourrissent très facilement lorsqu'ils sont situés dans les terrains humides. Les meilleurs moyens à employer pour prévenir ce danger sont :

1° Le drainage ;

2° Tenir les souches élevées ;

3° L'effeuillage qui consiste à enlever quelques feuilles

avant la vendange. La circulation plus active de l'air sèche la grappe.

40° Maladies produites par les parasites végétaux.

Les principaux parasites végétaux qui s'attaquent aux vignes, en Algérie, sont : l'*oïdium*, l'*anthracnose*, le *mildew* ou *peronospora*.

41° Oïdium.

La première apparition de l'oïdium s'est montrée dans les serres des environs de Londres. C'est un nommé Tucker qui en a donné le premier la description en 1845. On appela la nouvelle maladie Oïdium-Tuckeri. Il apparut aussi dans les serres de Flandre. En 1849, on constate sa présence sur les treilles, et en 1850 il atteint les vignes à vin. En 1850, la maladie se montre aux environs de Paris et s'étend dans toute la France. On s'émut; des Sociétés d'agriculture offrirent des primes à qui trouverait un remède. On découvrit enfin que le soufrage était le meilleur et le plus radical de tous les moyens pratiques pour arrêter les ravages de l'oïdium.

L'oïdium manifeste son action sur les vignes qu'il attaque de la manière suivante : Les parties vertes sont couvertes d'une poussière blanchâtre, ressemblant à une toile d'araignée, qui exhale une odeur spéciale de moisissure.

Fig. 19.

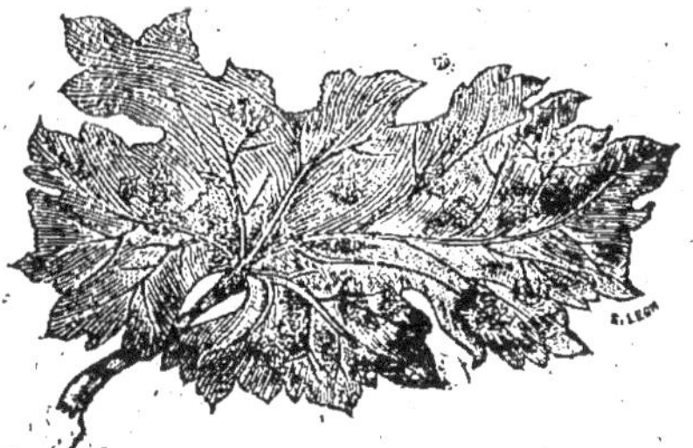

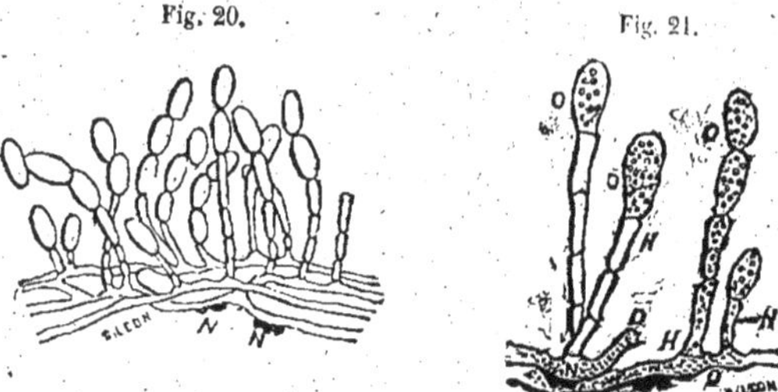

Fig. 20.

Fig. 21.

Au bout de quelque temps, des taches grises apparaissent sur toutes les parties envahies, et si on n'y porte pas remède, on constate bientôt le rabougrissement des sarments, l'altération et la chute des feuilles, enfin le crevassement et le dessèchement des raisins.

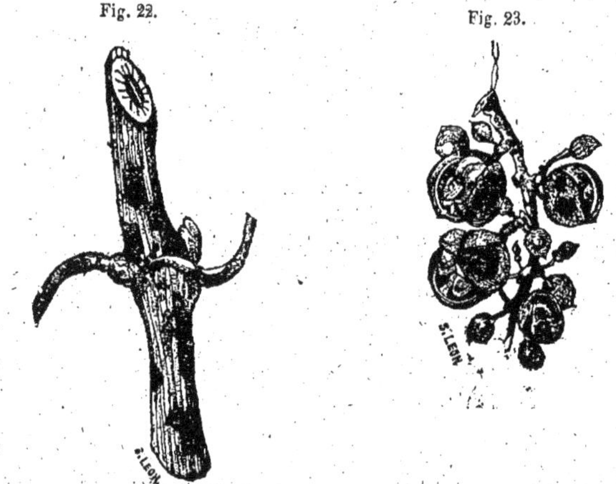

Fig. 22.

Fig. 23.

Certaines espèces et variétés de vignes sont plus frappées que d'autres par les attaques de ce champignon parasite ; ainsi, en Algérie, le carignan et l'alicante sont les deux cépages les plus atteints et le plus vite frappés par l'oïdium. Le morastel est plus résistant que le carignan.

Les temps chauds et humides sont ceux qui favorisent le

plus le développement de l'oïdium. Les vignes en treilles sont toujours plus facilement atteintes que les vignes basses, parce qu'elles sont plus exposées à l'action du vent, et retiennent mieux les spores ou germes. C'est toujours le côté d'où vient la pluie qui est le plus attaqué par l'oïdium.

On a proposé toutes espèces de moyens pour combattre le fléau.

Aujourd'hui, le moyen qui est généralement employé et qui est le seul recommandé, c'est l'emploi du soufre.

A l'origine on ne se servait que du soufre sublimé ; maintenant on se sert aussi du soufre trituré ou blutté, qui est meilleur marché, se fixe mieux sur les feuilles, est plus facile à répandre, et a l'immense avantage de ne pas fatiguer les yeux des ouvriers.

Avant d'entrer dans des détails sur l'emploi du soufre, nous allons nous occuper du choix des soufres. La consommation du soufre devient de jour en jour plus considérable.

42° Du soufrage.

La consommation des soufres atteint en Algérie les chiffres suivants :

On estime qu'il faut en moyenne au moins un quintal de soufre par hectare de vigne. Nous avons actuellement 60,000 hectares ; il faut donc pour soufrer ces 60,000 hectares de vigne 60,000 quintaux de soufre, soit 6,000 tonnes par an.

Les soufres qu'on rencontre dans le commerce sont de qualités très diverses et de prix très variés :

1° *Le soufre sublimé* ou *fleur de soufre* doit renfermer, dans 100 parties, 100 de soufre. Ce soufre est souvent falsifié, on y ajoute des poudres impalpables, sans valeur.

2° *Le soufre trituré.* — C'est du soufre brut, mélangé de matières étrangères et qui a été broyé sous des meules et tamisé. Aussi, ces soufres triturés varient énormément de composition suivant les producteurs, les vendeurs.

On trouve, chez les marchands, des soufres depuis 9 fr. le quintal jusqu'à 23 fr.

1° 100 grammes de soufre sublimé contiennent 100 parties de soufre ;

2° 100 grammes de soufre indiqué comme pur a donné à l'analyse : 73 gr. 60 de soufre et 26 gr. 40 de matières étrangères ;

3° Soufre qualité inférieure a donné à l'analyse 24 0/0 de soufre et 76 0/0 de matières étrangères.

Avec 100 kilogrammes de soufre sublimé, on pourra soufrer parfaitement bien un hectare de vigne pendant le courant d'une année.

Il faut 140 kilogrammes de soufre de la 2° catégorie pour obtenir le même résultat.

Enfin, il faut 425 kilogrammes de la 3° catégorie pour arriver à un résultat identique.

Les bonnes fleurs de soufre sont acides.

L'action des poudres de soufre dépend de leur état de division.

Plus le soufre est divisé, plus il occupe de volume dans le même poids. Moins le soufre occupe de volume dans le même poids, plus on en consomme dans les opérations du soufrage et, dans ce cas, les quantités employées sont en raison inverse des volumes occupés et, partant, de l'état de division de soufre.

Plus le soufre trituré est fin, plus sa couleur est claire.

Vus au microscope, les grains de fleur de soufre sont sphériques, tandis que les particules du soufre trituré forment des cristaux plus ou moins anguleux. Ce caractère permet de distinguer les soufres et leurs mélanges.

Fig. 24.   Fig. 25.

Si nous considérons ces trois échantillons au point de vue de la valeur vénale, on voit que le soufre n° 3 vaut quatre fois moins que le soufre n° 1. Le soufre n° 1 se vendait 22 francs les 100 kilos, le soufre n° 3 devrait donc se vendre 5 francs le quintal, tandis que, dans le commerce, ce soufre se vend 9 et 10 francs le quintal.

Outre l'inconvénient de payer plus que leur valeur les soufres impurs, il y a encore celui d'une main-d'œuvre bien plus considérable qu'ils exigent pour être répandus.

On voit l'intérêt que le viticulteur a à s'assurer de la valeur des soufres qu'il achète. De là, la nécessité de l'analyse de ces soufres avant d'en opérer l'achat. Dans l'appréciation d'un soufre, il faut aussi tenir compte de son degré de division : plus il est fin, plus son action est efficace et moins il en faut pour traiter la vigne ; on a aujourd'hui des soufres triturés très fins.

Pour connaître le degré de finesse du soufre, voici comment on procède : on pèse des volumes égaux de diverses espèces de soufres ; celui qui pèse le moins, à volume égal, est le mieux trituré.

Pour les achats de soufre, il serait bon que les viticulteurs forment un syndicat, une association pour acheter le soufre en gros, et pour se réserver le droit de faire analyser le soufre et de ne le payer que d'après cette analyse.

Quand la pluie succède à un soufrage, au moment où il vient d'être fait, il faut le recommencer. Quand la pluie ne lave le soufre que le lendemain de son application et que le soleil a lui dans l'intervalle, l'effet de désorganisation est déjà produit sur l'oïdium ; cependant, en pareil cas, il conviendra de mettre moins d'intervalle entre deux soufrages.

Si on fume la vigne, il faudra soufrer avec plus de soin : quand un soufrage est pressant, il faudra l'appliquer sans délai, quel que soit le temps, à moins qu'il ne pleuve.

Lorsque les raisins sont arrivés à l'époque de la véraison sans être attaqués par l'oïdium, ils sont à l'abri de ses atteintes. C'est pour cette raison que les soufrages exécutés vers la fin de juillet, et à propos, sont définitifs et n'ont plus besoin d'être renouvelés.

On peut soufrer la vigne par tous les temps et à toute heure du jour, sauf les exceptions suivantes :

1° Quand il pleut ;

2° Quand il fait très chaud et que l'on prévoit que les raisins peuvent être échaudés (temps calme, très sec, au Nord, sans nuage, th. : 33°) ;

3° Quand le vent est trop violent.

Les conditions les meilleures pour le bon emploi du soufre et pour que son action soit vive et prompte sont : un jour sec, assez chaud, un soleil brillant, un vent léger.

L'usage du soufre présente les inconvénients suivants :

1° Les poudres du soufre fatiguent les yeux des ouvriers et finissent par amener des ophthalmies chez ceux dont la vue est délicate ;

2° Le soufre pur aide au grillage des raisins dès que les chaleurs deviennent intenses ;

3° Le vin des vignes qu'il faut soufrer un peu tard est sujet à garder un goût de soufre qui nuit à la vente du vin au moment de la récolte ;

4° On consomme inutilement, pour produire les mêmes effets, des quantités de soufre beaucoup trop grandes.

On remédie à ces inconvénients en mélangeant le soufre avec du plâtre ou des cendres très fines.

Dans ces mélanges, le soufre est toujours l'agent actif, le plâtre ou les cendres sont d'une action presque nulle.

Cependant, pour le carignan, très attaqué par l'oïdium, le soufrage devra être fait au soufre pur ; pour les autres cépages, on pourra le faire au soufre plâtré (d'après M. Cazalis).

ANALYSE DES SOUFRES AU MOYEN DU TUBE DE CHANCEL.

On a un tube de verre, gradué en 100 divisions, d'une capacité de 25 centimètres cubes. On pèse très exactement 5 grammes de soufre que l'on introduit dans le tube et on le remplit avec de l'éther. On laisse déposer après avoir agité.

Si le soufre est très bon, le dépôt s'arrête vers la 70° division.

De 70 à 50, on considère le soufre comme étant bon.

De 50 à 30, il est médiocre ; enfin, au-dessous de 30, il ne vaut rien du tout.

Les outils, au moyen desquels on pratique le soufrage, sont les suivants :

1° Le *sablier*. Cône en fer blanc, percé de trous à sa face inférieure, qu'on remplit de soufre, et au moyen duquel on saupoudre les feuilles, les sarments, le fruit.

Cet appareil offre l'inconvénient de dépenser beaucoup de soufre (3 fois plus qu'avec le soufflet) et de mal le répartir.

2° Le *soufflet à soufrer* : C'est l'instrument le plus répandu. Il porte, à sa face supérieure, une ouverture munie d'un entonnoir. Une tuyère munie d'un grillage permet de diriger le jet et de répandre le soufre sur toutes les surfaces de la vigne. La dissémination du soufre est suffisamment bonne avec cet outil qui, en tout cas, vaut mieux que le sablier. L'idée principale, sur laquelle repose cet instrument, c'est l'entrée et la sortie de l'air se faisant par la tuyère. Le soufre est incessamment mis en mouvement, il est mieux divisé et moins sujet à produire les engorgements si fréquents dans les soufflets à boîte.

La charge d'un soufflet est de 1/4 de kilog. de fleur de soufre et de 1/2 kilog. de soufre trituré. On peut en poudrer 30 souches vigoureuses en pleine végétation à la fin de juin. Le peu de durée des peaux de garniture est l'inconvénient que présentent généralement ces soufflets. On les répare en collant avec de la colle forte un morceau rapporté.

3° La *hotte à soufrer* ou *hotte Pinsard* présente à la fois les avantages du sablier et ceux du soufflet. Cette hotte est formée d'un grand réservoir en fer blanc en forme d'entonnoir, qui peut renfermer 12 à 15 kilog. de soufre et se fixe sur le dos au moyen de courroies passant sur les épaules. On manœuvre l'appareil de la manière suivante :

L'ouvrier marche parallèlement à une rangée de souches. Il soulève et abaisse brusquement de la main droite la tuyère à chaque pas et l'abaisse à chaque cep, en même temps qu'il abaisse avec la main gauche un soufflet et expulse ainsi le soufre qui se répand en nuages très fins sur les vignes environnantes.

La hotte à soufrer présente les avantages suivants : 1° elle permet une économie sensible de la main-d'œuvre et une exécution rapide. Un ouvrier peut, avec cet appareil, faire 4 hectares par jour : elle réalise, en outre, une économie notable dans la quantité du soufre employé, en supprimant les chargements fréquents qui se font toujours avec perte, soit avec le soufflet, soit avec le sablier. On peut donc considérer cet instrument comme le plus parfait de ceux qui ont été employés jusqu'ici.

On donne ordinairement trois soufrages aux vignes, dans le courant de l'année :

1° Le premier se pratique au mois de mai, au moment de la floraison de la vigne. Ce soufrage combat non seulement l'oïdium, mais aussi la coulure. Il nécessite 15 kilos de soufre par hectare, à condition que le soufre soit pur ;

2° Le second soufrage doit se donner vers le 15 au 30 juin, à la dose de 30 kilos par hectare de soufre pur ;

3° Le troisième soufrage s'effectue en juillet, à la dose de 45 ou 50 kilos de soufre, ce qui représente en totalité 95 à 100 kilos de soufre par hectare et par an.

Le plâtre mêlé au soufre présente l'avantage de permettre de mieux répandre le soufre et de ne pas gêner les yeux des travailleurs.

Le soufrage active la maturation d'environ dix jours. Des analyses ont démontré que les raisins des vignes soufrées contiennent plus de soufre que les raisins des vignes non soufrées, mais les feuilles et sarments ont la même composition dans les deux cas.

De tous les progrès faits en viticulture depuis ces cinquante dernières années, le soufrage est sans contredit le plus grand. Le soufre est très à recommander en Algérie, car de deux vignes, une soufrée et l'autre qui ne l'est pas, celle qui est soufrée est toujours plus belle que l'autre. Il accélère aussi la maturation du raisin, la rend plus égale ; un autre avantage que présente le soufre, c'est qu'il combat non seulement l'oïdium, mais aussi plusieurs autres maladies ou insectes nuisibles à la vigne. Ainsi il tue les chenilles de l'altise, combat l'anthracnose, le peronospora, etc.

Enfin le soufre agit encore comme engrais, son action est analogue à celle du plâtre sur les légumineuses.

Quelques personnes prétendent que le soufre présente un grand inconvénient, celui de donner au vin un goût de soufre lorsqu'il en existe sur les raisins. Cet inconvénient existe en effet ; mais rien n'est plus facile que de débarrasser le vin de ce mauvais goût. Il suffit pour cela de le faire passer sur du *cuivre*.

43° Anthracnose, charbon ou noir.

Le charbon était déjà signalé par Théophraste, écrivain grec, qui vivait trois siècles avant Jésus-Christ. Il désigne cette maladie sous le nom de *grésillement* et fait remarquer qu'elle est analogue à la *rouille des blés* et se produit dans les mêmes circonstances.

C'est une maladie causée par un champignon microscopique, le *phoma vitis*. (La vigne est surtout attaquée par le charbon en mai ou juin, lorsque ces mois sont humides).

Elle manifeste ordinairement sa présence par des taches ou des pustules (analogues à la petite vérole) qui apparaissent sur toutes les parties vertes, sur les jeunes rameaux, nervures des feuilles.

Fig. 26.

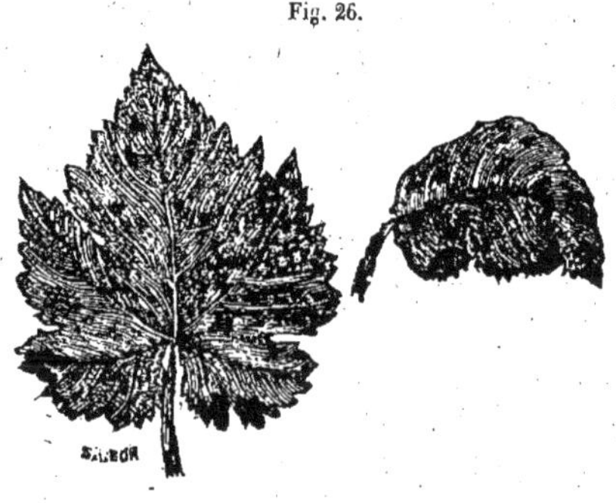

Fig. 27.

On a appelé ces taches *charbon* à cause de leur apparence
noirâtre. Elles se présentent sous deux formes : les unes sont
arrondies ou entièrement noires, les autres sont allongées,
irrégulières et bordées de noir. On a désigné ces deux formes
sous les noms :

Anthracnose ponctuée à taches rondes.

Anthracnose maculée à taches irrégulières.

Ces taches affectent généralement la direction des fibres ;
elles sont d'abord très petites, s'étendent peu à peu en en
creusant toujours plus. Les altérations qu'elles produisent
amènent le rabougrissement des sarments qui sont arrêtés
comme s'ils avaient été pincés ; les feuilles se recoquillent,
s'enroulent et finissent par sécher ; le raisin cesse de croître
et la récolte peut être entièrement perdue.

Fig. 28.

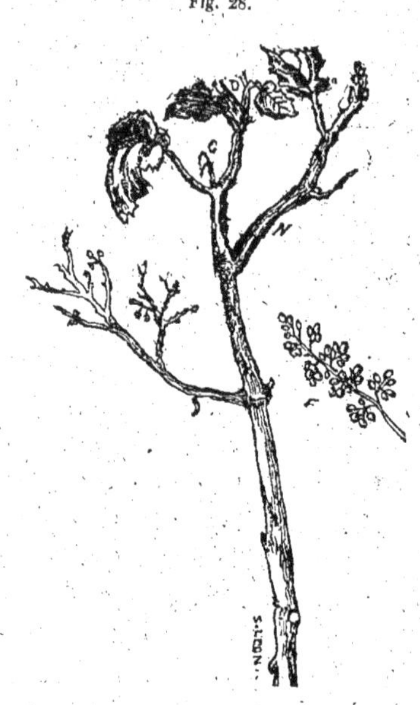

Les cépages qui sont le plus atteints sont : le carignan, les clairettes, l'alicante et l'aramon.

Il ne faudra donc jamais mettre ces cépages dans les endroits humides ; c'est surtout dans les années humides, les sols bas, les temps brumeux que l'anthracnose exerce le plus fréquemment ses ravages.

Les remèdes qui ont été proposés, pour cette maladie, sont :

La chaux en poudre, répandue à plusieurs reprises pendant l'été.

Le soufre, qui doit être employé dès la première apparition ; on a constaté qu'en répétant les applications de soufre dans les huit ou dix jours on arrêtait complètement le mal.

Il faut aussi avoir soin de marquer les souches atteintes de l'anthracnose pendant l'été, et de les badigeonner en hiver avec une dissolution de deux à trois kilos de sulfate de fer dissous dans six ou huit litres d'eau. Cette quantité est suffisante pour cent souches.

Les moyens culturaux n'ont aucune influence sur l'anthracnose, pas plus que la taille. Un autre remède toujours à recommander pour les vignes situées dans les bas-fonds, ce'st le drainage.

44° Mildew ou Peronospora.

Cette maladie est produite par un champignon : *peronospora viticola*, même famille que le *peronospora infestans* qui attaque les pommes de terre.

Le peronospora ne se développe que lorsque juin et juillet sont humides : or, ce cas est une exception en Algérie. Le sirocco détruit le peronospora ; celui-ci ne fera donc jamais beaucoup de mal, si ce n'est dans les années exceptionnellement humides. Cette maladie exerce des ravages considérables aux Etats-Unis. Cette maladie est ancienne.

Cette maladie a été parfaitement décrite en 1862 par M. Bary, célèbre micrographe.

Ce n'est que ces dernières années qu'on a connu le peronospora de la vigne. La première apparition en France date de 1872.

En Amérique, on le confondait avec l'oïdium ; cependant il y a cette différence : que l'oïdium est un champignon extérieur, tandis que le peronospora se développe à l'intérieur des feuilles, des sarments.

En Europe, la maladie est moins dangereuse qu'en Amérique; si elle sévit plus fortement sur les vignes américaines, c'est que celles-ci se plaisent dans les endroits humides.

La maladie apparaît au mois de juin et continue jusqu'en août sous la forme de taches blanches ayant l'aspect d'une concrétion saline fixée à la surface inférieure des feuilles.

Fig. 29.

Sous l'influence du peronospora la feuille jaunit, tombe et sa chûte arrête la végétation ; les fruits cessent de se développer, sèchent. Dans l'intérieur des tissus, le mycelium se propage et donne naissance à de nouveaux filaments verticaux qui portent les spores, lesquelles sont emportées par les vents sur les feuilles encore saines.

Fig. 30.

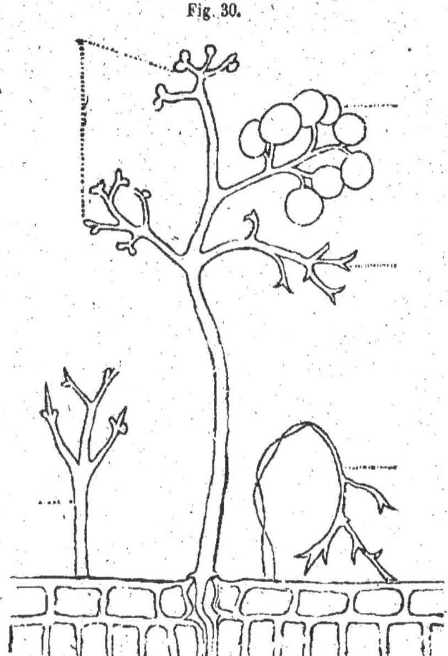

Les spores peuvent rester deux, trois, quatre ans sans s'altérer, et germer lorsqu'elles trouveront des conditions favorables à leur développement.

On ne doit pas confondre ces taches avec la maladie connue sous le nom d'*Erincum*, qui forme des espèces de gales à la surface des feuilles et que l'on remarque surtout sur la face supérieure.

On a constaté, en Bourgogne, que les pieds de vigne maintenus par des échalas neufs fraîchement injectés au sulfate de cuivre n'ont pas été atteints par le peronospora, tandis que les vignes qui n'ont pas été maintenues par des échalas injectés au sulfate de cuivre, ont été fortement attaquées. Les échalas injectés au sulfate de cuivre durent le double de temps.

Dans les endroits où on n'emploie pas d'échalas, on doit essayer de planter des sarments ou des morceaux de bois injectés au sulfate de cuivre, au pied des ceps attaqués par le peronospora.

Le caractère de la maladie est donc la destruction du parenchyme de la feuille ; si la maladie est très intense, elle peut tuer complètement le cep. C'est sur les feuilles tendres, les jeunes plants, sur les vignes dans des endroits bas et humides ou exposées aux vents marins que la maladie offre le plus d'intensité. Les pluies, le brouillard, les vents humides constituent les conditions atmosphériques les plus favorables à son développement. Au contraire, les coups de vents secs et surtout le siroco arrêtent subitement l'extension : c'est ce qui fait espérer que le peronospora ne sera jamais bien dangereux en Algérie.

Les vignes situées en terrain frais et celles de coteaux, bien fumées, ont résisté davantage et ont conservé leur récolte.

En Algérie, le cinsaut, l'aramon, le mourvèdre, la clairette ont été peu attaqués, tandis que le carignan, l'alicante l'ont été fortement.

Cependant le peronospora a une influence fâcheuse sur la qualité des vins. Ainsi, les vins de 1881 ont eu de la peine à se clarifier ; ils ont eu peu de couleur, peu d'alcool.

Remèdes. — On en a proposé un très grand nombre :

1° Pour combattre le peronospora, il faut en détruire les germes ; pour cela, il faut ramasser toutes les feuilles attaquées et les brûler ;

2° On a essayé, sans résultat, la chaux vive, la chaux éteinte, le soufre seul, la chaux et le soufre par parties égales.

Les procédés qui ont donné les meilleurs résultats pour combattre le péronospora sont :

1° Emploi des échalas sulfatés ;

2° Emploi de la paille trempée dans une solution de sulfate de cuivre ;

3° Aspersion des vignes avec une solution de chaux, 3 à 5 kilos de chaux dans 100 litres d'eau ;

4° Aspersion des feuilles avec une solution de sulfate de cuivre, 3 à 5 kilos dans 100 litres d'eau ;

5° Ou une solution de 8 kilos de sulfate de cuivre dans 100 litres d'eau et 15 kilos de chaux dans 30 litres d'eau, le tout mélangé ensemble ;

6° Enfin, emploi de la poudre suivante :

Chaux grasse........................	100 kilos.
Sulfate de cuivre....................	20 —
Soufre trituré.......................	10 —
Cendres de bois.....................	15 —
Eau à 20°...........................	50 —

45° Maladies diverses et accidents de la vigne.

Chlorose. — La chlorose se manifeste par le jaunissement et la décoloration des feuilles, par suite d'une formation insuffisante de la *chlorophylle*.

C'est, en général, dans les terres humides · en hiver, s'échauffant tardivement au printemps, perdant une forte proportion d'eau en été, ou dans celles qui manquent complètement de certains éléments utiles à la végétation de la vigne (par exemple : le fer) que cette maladie se produit avec le plus d'intensité.

Lorsque la cause de la maladie est due à l'humidité du sol, on doit drainer, faciliter l'écoulement des eaux par tous les moyens possibles, et, dans tous les cas, il faut donner au sol des engrais actifs, promptement solubles, tels que les engrais chimiques appropriés, les guanos, les tourteaux mélangés avec des sels de potasse et avec du sulfate de fer. Le sulfate de fer agit sur les végétaux comme le fer agit sur la chlorose des animaux. Ce dernier sel a surtout une influence bien marquée.

Apoplexie. — C'est une maladie qui attaque isolément les ceps au milieu de l'été et les fait périr en quelques jours.

Cette maladie n'est ni contagieuse, ni épidémique ; elle est rare, elle ne se fait remarquer que dans les années pluvieuses (15 juillet au 15 août) ; on ne connaît pas de remèdes.

Cette maladie provient d'une rupture d'équilibre entre un sol très humide et une chaleur très intense, ce qui amène un excès de sève dans la plante.

Rougeot. — Le rougeot est un diminutif de l'apoplexie ; il se déclare aussi sur les ceps en pleine végétation. Les feuilles se parcheminent, deviennent rouges et se flétrissent. Des soufrages énergiques, répétés plusieurs fois, en temps utile, sont le meilleur moyen de le combattre.

Jaunisse. — La jaunisse se traduit par le jaunissement des feuilles. Le cep tombe dans un état de langueur qui empêche le développement des fruits. Elle se manifeste vers le mois de mai ; on l'attribue à un défaut d'oxydation du sol et on recommande de drainer les vignes où elle règne.

Siroco. — Quoique plus sèche et plus venteuse, la province d'Oran y est moins sujette que la province d'Alger.

Le siroco a d'autant moins d'effet qu'on se rapproche plus de la mer.

Lorsque le siroco souffle d'une manière modérée, il n'a pas d'influence fâcheuse ; au contraire, il détruit l'oïdium et le peronospora. Il n'est vraiment à craindre que du 10 juillet au 10 septembre et lorsque la température s'élève au-delà de 42°.

Il y a des cépages qui supportent jusqu'à 50° au soleil, quand l'air est calme et humide. Au contraire, quand le siroco souffle, l'air devient très sec, la transpiration est énormément augmentée et les racines ne peuvent plus suffire à la nutrition de la plante : c'est alors que la vigne souffre.

On prétend qu'on pourrait combattre le siroco en rognant et pinçant la vigne : c'est une erreur ; il faudrait, au contraire, pouvoir couvrir les raisins autant que possible.

On a constaté aussi que les souches basses souffrent davantage que les hautes, à cause de la reverbération du sol sur les raisins.

Le siroco détruit, en général, au moins la moitié de la récolte, une année sur dix.

Les cépages qui résistent le mieux au siroco sont le cinsaut, l'œillade ; les autres cépages y sont plus ou moins sensibles.

De la sécheresse. — La vallée du Chéliff et la province d'Oran sont les plus sèches de l'Algérie ; aussi partout où on y a planté de la vigne, on a recours aux irrigations et surtout aux irrigations d'hiver.

Dans ces contrées, on peut abondamment irriguer les vignes en hiver sans nuire à la qualité du vin ; il faut emmagasiner de l'eau dans le sol pour l'été.

Quant aux irrigations d'été, elles ne peuvent être conseillées que comme un remède pour combattre les désastres causés par le siroco ou le péronospora.

A part ces derniers, c'est une grande faute d'irriguer les vignes en été, parce qu'elles favorisent la production du chiendent, de l'oïdium, parce qu'elles diminuent la qualité du vin et épuisent les souches. Pour combattre les mauvais effets des irrigations sur les souches, il faut donner de fortes fumures.

46° Parasites animaux.

Les parasites animaux qui s'attaquent à la vigne sont fort nombreux. Nous nous bornerons à indiquer les plus dangereux, en mentionnant les moyens employés pour les détruire.

Altise. — Il existe un grand nombre d'espéces d'altises ; c'est l'insecte qui, jusqu'à présent, a causé le plus de ravages dans les vignobles algériens.

L'altise de la vigne est pour l'Algérie un très grand danger, un véritable fléau.

On peut évaluer que pendant l'année 1882-83, les ravages causés par l'altise ont enlevé de 1/10 à 1/2 de la récolte, suivant les localités.

En 1883, le département d'Alger possédait 18,223 hectares de vigne, dont 11,300 en plein rapport. En admettant que l'altise ait enlevé le 1/10 de la récolte, c'est comme si 1,130 hectares n'avaient rien rapporté ; en admettant un produit brut de 800 francs par hectare, si nous enlevons 1/10, nous avons une perte de plus de 1 million de francs (d'après M. Lecq).

Mœurs de l'altise. — L'altise est un petit coléoptère vert ou bleuâtre de 0^m005 de long à peu près. Il saute très agilement lorsqu'on veut le saisir. L'altise de la vigne opère en un mois le cycle de ses métamorphoses.

Les insectes parfaits qui apparaissent au printemps ont passé l'hiver sous les écorces, dans les murs, dans les herbes, dans tous les débris qui se trouvent autour des vignes, et où elles trouvent un abri à peu près sec.

Dès que le soleil fait éclore les bourgeons de la vigne, les altises se précipitent dessus et dévorent toutes les feuilles naissantes, s'attaquent à tous les bourgeons. Le voisinage de plantations d'eucalyptus, d'arbres quelconques est très dangereux pour les vignes à cause des abris que les altises y trouvent; dans ce cas, il faut les faire nettoyer, gratter l'écorce tous les hivers.

L'époque de l'apparition de l'altise varie chaque année, suivant la précocité des chaleurs.

L'accouplement se fait au printemps et la femelle pond une vingtaine d'œufs jaunes sur la face inférieure des feuilles.

Quelques jours après leur installation dans la vigne et dès qu'elles se sont réconfortées de leur long jeûne d'hiver, elles s'accouplent et déposent leurs œufs le long des nervures des feuilles. Pendant les sept premiers jours de sa naissance, la larve ronge la face inférieure des feuilles sans atteindre leur épiderme; celles-ci prennent, au bout de quelque temps, une teinte jaunâtre. Au septième jour de sa naissance, la larve subit une première mue qui s'opère en 24 heures et après laquelle l'insecte se remet à manger pendant quatre jours. Vers le douzième jour, nouvelle mue suivie de quatre jours de repos. Après s'être abondamment repue, la larve qui a 16 ou 18 jours d'existence descend le long de la tige dans le sol et se transforme en nymphe ou chrysalide.

La nymphe est blanche les premiers jours; elle brunit ensuite, et, au bout d'une semaine, elle apparaît à l'état d'insecte parfait, gagne de nouveau la vigne et recommence un nouveau cycle, de sorte qu'à peu près tous les mois il y a une génération nouvelle. Plus il fait chaud, plus les générations sont rapprochées.

Il peut ainsi se succéder cinq à six générations pendant un été (observations faites par M. Valéry Mayet, professeur d'entomologie à l'école de Montpellier).

Un seul insecte peut donner naissance en un été à plusieurs centaines de mille altises. Les générations d'été font moins de ravages que celles de printemps, parce que l'insecte se répandant sur un plus grand nombre de feuilles, et celles-ci étant plus dures, l'insecte trouve moins facilement sa nourriture; il est souvent obligé de se rabattre sur d'autres plantes.

Puissance de locomotion des altises. — Bien que l'altise porte des ailes membraneuses, elle s'en sert très peu pour se mouvoir. Les sauts qu'elle fait sont vraiment prodigieux et extraordinaires, mais pour les exécuter, elle doit faire des dépenses de force considérables.

Quelquefois, l'altise se sert de ses ailes pour se transporter à des distances énormes : c'est ce qui explique ces véritables pluies d'altises qui s'abattent sur les vignes où il n'y en avait pas du tout.

En général, on a constaté que les altises séjournaient toujours dans la localité où elles ont pris naissance ; mais quelquefois elles émigrent, ce qui est un danger de plus.

Influences météorologiques et résistance de certains cépages. — On a constaté d'assez grandes différences. Les dommages varient suivant l'époque de l'apparition. On a constaté que les printemps pluvieux favorisent la multiplication de l'altise, et aussi que les vents chauds du Sud ont la propriété de dessécher les œufs de l'altise et de tuer les larves.

Quant aux cépages résistants, on a remarqué que les plants à feuilles tendres et les jeunes vignes sont préférés par le parasite. Ainsi, l'alicante et l'aramon sont fortement attaqués, tandis que le morastel et le mourvèdre sont moins atteints, On a constaté aussi que les cépages qui ont les feuilles lisses par dessous sont plus attaqués que ceux qui sont duveteux, cotonneux.

Destruction de l'altise. — On détruit l'altise à l'état d'insecte parfait pendant l'hiver, et au printemps, à l'état de larves.

Destruction de l'altise pendant l'hiver. — C'est le bon moment pour détruire l'altise, qui se réfugie dans les bois, sous les écorces, les produits végétaux quelconques et se trouve engourdie par le froid. On peut aussi détruire les feuilles de la vigne, en faisant passer des moutons dans celle-ci, qui mangent les feuilles et les altises en même temps.

On peut faire des abris artificiels, des tas de débris végétaux dans lesquels se réfugient les altises et qu'on brûle pendant l'hiver.

Lorsqu'il y a des altises sur les feuilles de cactus, on les brûle avec de la paille imbibée de pétrole ; on a aussi imaginé un instrument nommé *flambeur* avec lequel on brûle les altises à l'aide du pétrole.

On prend des bouts de roseau qu'on place de distance en distance dans la vigne, les altises vont se réfugier dans l'intérieur des roseaux et, lorsqu'elles s'y sont réfugiées, on enlève les roseaux et on les brûle.

Destruction de l'altise pendant l'été. — Lors de la première génération, on ramasse les altises en les faisant tomber dans un entonnoir en fer blanc : c'est un moyen à recommander. Un homme habile peut ainsi nettoyer 150 pieds par heure, et le travail revient à peu près à 4 fr. par hectare. Il doit être renouvelé chaque fois qu'on constate une apparition d'altises sur la vigne. Avec l'entonnoir, on ne peut ramasser que les insectes à l'état parfait ; outre l'entonnoir, il faudrait avoir un pinceau très léger, de manière à faire tomber les larves et les œufs dans l'entonnoir.

Un autre moyen consiste à enlever les feuilles sur lesquelles se trouvent les larves de l'altise, et à les brûler, mais l'enlèvement des feuilles est toujours dangereux, surtout en Algérie.

On peut aussi faire donner la chasse par des troupeaux de poules, de dindons qu'on conduit dans les vignes : ces derniers sont surtout très habiles à saisir les chenilles de l'altise.

Enfin, on a beaucoup recommandé l'emploi d'un certain nombre de poudres dont nous allons dire quelques mots. Ces poudres doivent remplir certaines conditions :

1° Elles doivent tuer l'insecte ou le forcer à déguerpir ;

2° Elles ne doivent pas altérer les tissus de la vigne ;

3° Elles ne doivent pas contenir de principes toxiques ;

4° Enfin, ces substances doivent être à bon marché.

On a beaucoup préconisé la poudre de *Pyrèthre du Caucase* (insecticide Vicat). En Algérie, il y a des masses énormes de pyrèthre qui croissent spontanément : la poudre de pyrèthre algérien a donné de bons résultats : (Chebli, Blidah). Plusieurs plantes sont comme le pyrèthre, ainsi le madia de Chili. En semant du madia dans les vignes, où il y a de l'altise, on pourrait peut-être chasser l'altise. C'est une plante améliorante ; on pourrait la semer comme engrais vert.

On a préconisé aussi, pour la destruction des larves, le soufre d'Apt tantôt pur, tantot mélangé de chaux vive. On répand ce soufre, comme pour l'oïdium, avec le soufflet ; le soufre détruit la larve, il chasse et incommode les insectes parfaits.

Voici un mélange qui a été employé avec succès dans la province d'Oran :

        Chaux en poudre...................... 70
        Soufre pulvérisé..................... 20
        Sulfate de fer....................... 10
        Acide phénique....................... 5

On a aussi essayé les liquides, et pour cela on a imaginé des pulvérisateurs, c'est-à-dire un appareil qui pulvérise le liquide.

Un liquide qui a donné d'excellents résultats, c'est une infusion de Vert de Schweinfurth ; c'est le remède qu'on emploie contre le doryphora.

On a proposé aussi des infusions de tabacs marquant 6° de Beaumé, excellentes pour détruire les larves.

Parasites de l'altise. — Lors des premières invasions de l'altise dans le Midi, on a constaté la présence d'une punaise bleue, comme un ennemi redoutable de l'altise.

Cette punaise est plus grosse que l'altise ordinaire, elle mesure jusqu'à 0^m008 : son corps est d'un beau bleu métallique et lorsqu'on l'examine à la loupe, on remarque sur les élytres du corselet de petits points. Pendant l'hiver, ces punaises bleues se réfugient dans les mêmes abris que l'altise, mais ne mangent pas. Elles apparaissent sur les vignobles quelque temps après l'altise. Les femelles pondent sur les feuilles une cinquantaine d'œufs (ce nombre est toujours proportionné au nombre d'œufs que les altises y ont déposés elles-mêmes).

Lorsqu'ils éclosent, ces œufs sont blancs, et le lendemain, ils prennent une teinte noire métallique. L'éclosion a lieu quatre jours après. La jeune punaise naît sans ailes et pendant les deux premières semaines de son existence, l'insecte parfait est de couleur rougeâtre ; lorsqu'il est adulte, il présente alors l'aspect d'une grosse altise.

Pendant toute leur vie, les punaises bleues font une chasse active à l'altise, elles dévorent les larves et les insectes parfaits. En moyenne, chaque punaise détruit 12 à 14 altises par jour, d'après les observations faites dans la Mitidja.

Enfin, on a encore le concours des oiseaux pour la destruction de l'altise.

47° Phylloxera vastatrix.

La maladie des vignes produite par le phylloxera continue sa marche envahissante et préoccupe toujours plus les vignerons algériens.

C'est qu'en effet le phylloxera, le plus grand fléau agricole que l'histoire ait jamais enregistré, est malheureusement maintenant en Algérie et peut, d'une année à l'autre, atteindre nos jeunes vignobles, la principale richesse de notre pays.

En présence d'un si grand danger et d'un pareil fléau, il faut plus que jamais être vigilant et prêt à la lutte la plus énergique pour combattre le terrible ennemi de nos vignes.

Histoire naturelle de l'insecte. — Le phylloxera appartient à l'ordre des hémiptères, famille des phylloxériens.

Il se présente sous quatre formes distinctes, mais ces formes ne sont que des transformations successives de l'insecte. Une seule de ces transformations est sexuée, les trois autres sont nommées vierges ou pondeuses et se reproduisent sans accouplement.

Fig. 34.

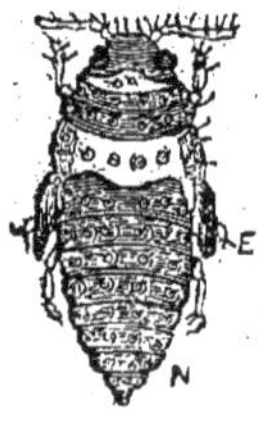

Avec la première forme, nous avons le *Radicicole* ; il donne naissance à la seconde forme : l'*ailé*.

Fig. 32.

Puis vient la *forme sexuée*, laquelle donne naissance au *Gallicole*, qui est le fondateur d'une nouvelle colonie ; celui-ci engendre le radicicole, et par là se terminent les transformations de l'insecte.

Caractères particuliers. — Le phylloxera est formé de douze articles, il porte trois paires de pattes, terminées par de petits crochets.

Les antennes comptent trois articles ; il est armé d'un suçoir composé d'une gaîne et de deux ou trois soies. Il porte deux paires d'ailes, mesurant deux fois la longueur du corps. Les plus petites sont munies de crochets destinés à les rattacher aux grandes. Les proportions de l'insecte varient de 1/3 à 1 et 1 millimètre 1/4.

Caractères du radicicole. — Le radicicole est de couleur jaune, brun, verdâtre, il n'a jamais d'ailes ; ses membres sont trapus, le suçoir allongé, les antennes taillées en biseau. On le trouve sous cette forme toute l'année, sur les racines du mois d'octobre au mois d'avril, à l'état d'hivernant, dans les anfractuosités des racines. Pendant tout l'été, il est sur les racines et pond des œufs sur toutes les jeunes pousses ; quelquefois on en a trouvé sur les collets.

Lorsque la température est suffisante et que la sève est en mouvement, le radicicole commence son travail sur les racines ; il plante son suçoir, grossit rapidement et devient pondeuse au bout de quelques jours ; il pond ainsi de vingt à quarante œufs. A leur tour, ces œufs, au bout de quinze à vingt jours, éclosent et donnent naissance à de nouveaux radicicoles qui, à leur tour, attaquent les vignes et deviennent pondeuses, etc.

Cette succession de générations continue tout l'été, tant que la température du sol dépasse 10°.

En juin, l'insecte s'établit sur les racines, et partout où il se pose il occasionne des *nodosités* qui varient de grosseur.

Fig. 33.

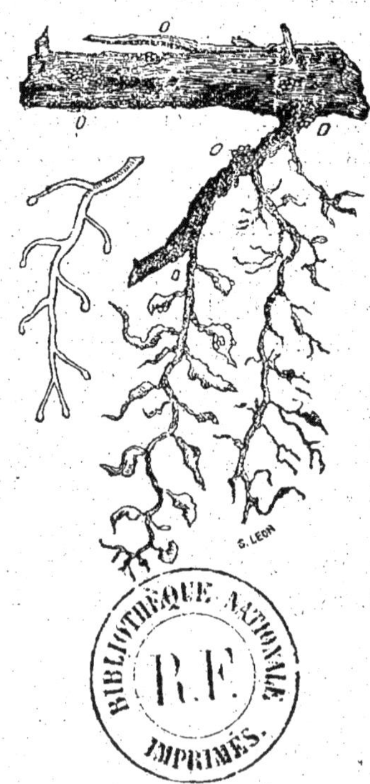

C'est à cela qu'on reconnaît le phylloxera ; il y a des renfle-
ments qui sont très petits, d'autres très gros. On trouve ordinairement dans la courbure un phylloxera plus gros que
les autres : c'est une pondeuse.

En juillet, août et septembre, une partie des œufs pondus
par le radicicole donne naissance à des nymphes, c'est-à-dire
à des phylloxeras ayant des rudiments d'ailes qui poussent,
puis il prend son vol.

Caractères de l'ailé. — L'ailé, après une durée de 15
jours sous le sol, sort par les anfractuosités du sol et se répand dans l'air.

L'insecte ailé va se poser sur la face inférieure des feuilles,
fait une piqûre qui occasionne une galle ; il pond généralement deux à quatre œufs jaunâtres qui donnent naissance
à leur tour à des sexués : les plus gros œufs donnent naissance à des femelles.

Caractères du sexué. — C'est la forme destinée à régéné-
rer l'espèce par l'accouplement. Les sexués mâles et femelles
ne servent qu'à la reproduction, ils ne mangent point. La
femelle pond un œuf, l'œuf d'hiver ; cet œuf est pondu sur
le vieux bois ou l'écorce. L'œuf d'hiver donne naissance à la
quatrième forme, le *gallicole*.

Le *gallicole* est un petit phylloxera qui quitte le vieux bois
pour aller sur les feuilles. Il ne vient que sur les vignes américaines ; il vit sur les feuilles où il y a des galles, par suite
de ses piqûres. Ce développement est rare sur les plants européens.

C'est dans l'intérieur de cette galle que le gallicole pond
un grand nombre d'œufs. Les jeunes individus issus des œufs
pondus par le gallicole vont à leur tour former d'autres galles sur les feuilles avoisinantes et, après quelques générations, l'insecte se porte sur les racines où il devient radicicole.

Voilà le cycle normal tel qu'il se passe sur la vigne américaine ; sur les plants européens la feuille ne se prête pas à la formation des galles, et alors l'insecte issu de l'œuf d'hiver, au lieu de se développer sur les feuilles, va sur les racines de la vigne et donne naissance au radicicole.

Les grosses pondeuses vertes qui se trouvent à la courbure des nodosités sont les descendantes des œufs d'hiver qu'engendre le radicicole.

EFFETS DE LA PIQURE DU PHYLLOXERA SUR LA VIGNE. SYMPTÔMES ET CARACTÈRES DE LA MALADIE.

Le fléau peut arriver soit par l'ailé, soit par les apports commerciaux. Il est peu probable qu'il vienne par l'ailé.

Dans le premier cas, il faut attendre un an avant de voir la maladie. Dans le second cas, l'insecte introduit directement dans le sol agit dès la première année.

Symptômes. — La première année il y a peu de signes extérieurs, cependant il y a déjà des nodosités.

La deuxième année, les insectes étant plus nombreux, les ravages se voient mieux, les pousses sont plus petites, les nodosités nombreuses, le mal se répand circulairement. La troisième année, les pousses sont encore plus réduites, les feuilles deviennent nulles, les racines sont vermoulues.

La quatrième année, les pousses sont nulles : plus de feuilles, la plante se meurt ou est morte, l'insecte a abandonné la place ; enfin, la cinquième année, la vigne est morte, la tache phylloxérique prend la forme d'une cuvette.

Plus on s'avance vers le Midi, plus la température est élevée et plus l'attaque du phylloxera est foudroyante. En une année les vignes peuvent être détruites.

Quand on examine une vigne malade, il faut commencer

par les ceps qui sont en dehors de la cuvette et faire les recherches en été.

Apparences trompeuses. — Plusieurs maladies et plusieurs insectes peuvent induire en erreur les personnes qui ne sont pas bien au courant de l'histoire naturelle de l'insecte et de sa propagation : ainsi, le pourridié ou blanc de champignon, l'oïdium, le peronospora, l'anthracnose, etc.

ORIGINE, CAUSE ET EXTENSION DU FLÉAU.

Le phylloxera est originaire d'Amérique et, probablement, il a été introduit en France en 1865 par des cépages américains. C'est aux facilités de moyens de transport que nous devons cette désastreuse introduction en Europe. Beaucoup de personnes (surtout en Algérie) croient que le phylloxera ne vit et ne se développe que sur des vignes souffrantes et épuisées. Cette idée est complètement fausse, attendu que le phylloxera vit aussi bien sur des vignes bien entretenues, bien cultivées, que sur des vignes épuisées, mal entretenues. Les engrais ne lui font rien. L'hypothèse que l'insecte est le résultat de l'appauvrissement du sol et non la cause de la maladie est tout à fait insoutenable.

Pourquoi le phylloxera détruit-il la vigne européenne et non l'américaine ? parce que cette dernière est plus sauvage, plus robuste et a l'écorce plus dure.

Les racines des vignes américaines ont un tissu plus dense, plus serré, l'écorce en est plus épaisse que dans les vignes européennes.

Dans le midi de la France, certaines variétés de vignes américaines (riparia) sont considérées comme le salut des vignobles. On demande, maintenant, la guérison à la plante qui a apporté la maladie. Mais dans tout pays indemne, c'est-à-dire exempt du fléau, comme l'Algérie, il y a un grand danger à introduire des vignes américaines.

DIFFUSION DU FLÉAU.

La propagation du phylloxera se fait de trois manières :

1° Par les transports commerciaux ;
2° Par la diffusion artificielle ;
3° Par la voie naturelle.

Partout on a constaté que c'est le commerce qui a importé le phylloxera et que c'est l'imprévoyance de l'homme qui en a favorisé la diffusion.

Le fléau s'est répandu dans tous les sens, et actuellemen tous les vignobles de la France sont perdus ou menacés. Quant aux produits dangereux, au premier rang, il faut citer les plants de vignes surtout enracinés provenant des contrées infestées, des échalas, des feuilles, des fumiers.

Ce sont surtout les boutures et les plants enracinés provenant de pays phylloxérés qui sont les plus dangereux. Le phylloxera peut aussi se propager par diffusion artificielle : par les chaussures, les habits, les outils.

Enfin, il y a la diffusion naturelle qui est produite par les phylloxeras ailés, qui peuvent être transportés à de très grandes distances.

Certaines influences locales peuvent augmenter ou diminuer l'intensité du fléau, ainsi le froid le diminue, la chaleur l'augmente. Lorsque les vignobles sont très espacés, l'invasion du fléau peut être entravée. Il a été constaté aussi que le phylloxéra ne peut pas vivre dans les terrains sableux, surtout les sables maritimes.

TRAITEMENT DES VIGNES PHYLLOXÉRÉES.

On distingue deux espèces d'opérations : les opérations *préventives*, les opérations *curatives* et *extinctives*.

Dans les opérations préventives, on a recommandé d'espacer les vignes : on conseille aussi le décorticage, le badigeonnage des ceps, pour détruire l'œuf d'hiver, avec un mélange composé de :

<pre>
Huile lourde de gaz..............,.   20 kilos.
Naphtaline brute..................   30   —
Chaux vive   100   —
Eau...............................   400   —
</pre>

On dissout la naphtaline dans l'huile lourde, on verse sur la chaux, puis on ajoute l'eau en remuant continuellement.

Ce mélange doit être étendu au moyen d'un pinceau sur toute la surface des ceps en hiver.

Dans les opérations curatives et extinctives, on a recommandé l'emploi de certaines plantes insecticides : le chanvre, le tabac, le madia, mais elles n'ont donné aucun résultat.

La submersion est, de tous les moyens préconisés, le plus efficace ; pour cela, il faut une couche d'eau de 20 à 40 centimètres de hauteur pendant 40 à 50 jours.

Un autre procédé, c'est l'ensablement ou culture de la vigne dans le sable.

TOXIQUES.

Après avoir essayé une foule de produits chimiques, on s'est arrêté au sulfure de carbone proposé par M. Thénard, et au sulfo-carbonate de potassium proposé par M. Dumas. Chacun de ces procédés a ses défenseurs et ses détracteurs. Le sulfure de carbone est plus actif, plus énergique et coûte moins cher.

Le sulfo-carbonate de potassium est très bon, seulement il faut beaucoup d'eau.

L'injection de sulfure de carbone se fait au moyen d'un *pal* ou d'une charrue sulfureuse. Les doses varient, suivant le but à obtenir, de 10 grammes à 300 grammes par mètre carré.

On a proposé aussi l'acide sulfureux anhydre, mais il est trop cher.

Il ne faut jamais ménager les vignes attaquées par le phylloxera et on ne doit pas craindre de les détruire, afin d'éviter un plus grand mal.

MESURES DE PRÉCAUTION.

Ces mesures ont été recommandées par le Congrès international de Lausanne en 1877. La convention internationale de Berne en 1878 est basée sur ce fait que, si on ne peut pas faire la loi à l'insecte, on peut la faire à l'homme qui, par sa négligence, son imprudence, a contribué le plus à répandre le fléau.

Les Etats se sont engagés à lutter et à surveiller leurs vignobles contre le fléau et surtout à exercer une grande surveillance aux frontières, à instituer chez eux des commissions supérieures, départementales, locales, des agents visiteurs, des experts partout.

Il est très important pour l'avenir de l'Algérie que tous les colons soient au courant des caractères de la maladie, car toute vigne attaquée, si elle n'est pas défendue vigoureusement dès l'origine, est perdue.

En présence du danger qui menace les jeunes et beaux vignobles de l'Algérie, on ne saurait donc trop recommander à tous les propriétaires, à tous les vignerons toute la vigilance possible, afin que si, malgré toutes les mesures et précautions prises, l'insecte dévastateur devait pénétrer dans nos vignobles, nous conservions néanmoins l'espoir que, par une stricte et sévère exécution de la loi, des décrets et règlements, on puisse atteindre le fléau dès son apparition et en arrêter la propagation avant qu'il ait pu causer des désastres.

Il est surtout important que les viticulteurs qui, mieux que personne, connaissent l'état de leurs vignes, déclarent toujours rapidement aux personnes chargées de la surveillance des vignobles tout état de souffrance ou même tout aspect anormal de leur vignoble. Ce serait un mauvais calcul que de chercher à cacher des symptômes morbides quelconques.

Il est bien connu maintenant que toute vigne attaquée est une vigne forcément condamnée, si l'on ne peut s'opposer rapidement, par des mesures énergiques, à la diffusion du mal dès le commencement. La négligence d'un seul, sur ces points, pourrait irrémissiblement condamner non seulement les voisins, mais les vignobles tout entiers.

En résumé, nous disons qu'il faut répéter plus que jamais aux viticulteurs algériens :

Que le phylloxera est bien la cause de la destruction des vignes ;

Que l'hypothèse qu'on entend souvent répéter en Algérie, que la maladie est le résultat de l'appauvrissement du sol et de la dégénérescence de la vigne, est fausse.

Il est bien prouvé, aujourd'hui, que le phylloxera établit aussi bien son domicile dans les vignes convenablement entretenues et dans les sols non épuisés, que dans les vignes négligées ou plantées dans des sols appauvris.

Que, par une surveillance continuelle des importations et par l'observation scrupuleuse de la loi, des arrêtés et des instructions données par les autorités, on peut arriver à empêcher l'introduction du fléau et découvrir à leur début, et avant que la vigne soit trop malade, les taches phylloxérées.

Qu'on peut, alors, par des traitements bien dirigés, soit par le sulfure de carbone, soit par le sulfo-carbonate de potassium, soit par la submersion et par des engrais appropriés, combattre très efficacement l'insecte, arrêter même les progrès du mal et permettre ainsi à la vigne de donner des fruits en même quantité qu'avant l'invasion[1].

FIN DE LA PREMIÈRE PARTIE.

La première partie du *Manuel* est le résumé du cours de viticulture donné à l'École pratique d'agriculture de Rouïba.

Pour la taille, la fumure et quelques-unes des maladies de la vigne, on a reproduit le *Manuel de Viticulture* de M. Focx, directeur de l'École de Montpellier.

LOI

SUR LES MESURES A PRENDRE CONTRE L'INVASION ET LA PROPAGATION DU PHYLLOXERA EN ALGÉRIE.

Le Sénat et la Chambre des Députés ont adopté,

Le Président de la République promulgue la loi dont la teneur suit :

TITRE Ier

DISPOSITIONS GÉNÉRALES.

ARTICLE PREMIER. — Tout propriétaire, toute personne ayant, à quelque titre que ce soit, la charge de la culture ou la garde d'une vigne, est tenu de signaler immédiatement au maire de sa commune tout fait de dépérissement ou même tout symptôme maladif qui se seront manifestés dans ladite vigne.

Une semblable déclaration est obligatoire pour les pépinières ou jardins dans lesquels il existe des pieds de vigne.

Le Maire prévient immédiatement le Sous-Préfet ou le Préfet.

ART. 2. — Le Maire de chaque commune est tenu de faire visiter par un expert, une fois par an, et plus souvent s'il est jugé nécessaire, les vignes comprises dans le territoire de sa commune. Il rend compte immédiatement au Sous-Préfet ou au Préfet du résultat de sa visite.

ART. 3. — Le Préfet fera visiter sans délai les vignes, pépinières ou jardins pour lesquels il aura reçu la déclaration prévue par les articles 1er et 2, ou dans lesquels il jugera une inspection nécessaire. Son délégué est investi du pouvoir de pénétrer dans ces propriétés et d'y faire toutes les recherches et travaux d'investigation jugés nécessaires.

Cette visite sera étendue aux vignes environnantes. Le délégué transmet sans délai son rapport au Préfet.

ART. 4. — Lorsque l'existence du phylloxera a été reconnue, le Gouverneur général prend un arrêté portant déclaration d'infection de la vigne malade, des pépinières et jardins et des vignes environnantes. Cette déclaration d'infection indique le périmètre auquel elle s'étend.

Ce périmètre comprend les vignes reconnues malades ou suspectes et une zone de protection.

La déclaration d'infection entraîne les mesures suivantes :

I. — Dans les vignes malades ou suspectes :

1° La destruction par le feu des ceps, tuteurs, échalas, feuilles, sarments et autres objets pouvant servir de véhicule au phylloxera ;

2° La désinfection du sol ;

3° L'interdiction de toute nouvelle plantation de vignes pendant un temps qui ne pourra pas dépasser cinq années.

II. — Dans la zone de protection :

Le traitement préventif des vignes qui s'y trouvent.

III. — Dans le périmètre total des lieux déclarés infectés :

1° La défense de pénétrer, si ce n'est avec une autorisation du délégué ;

2° L'interdiction de sortie des terres, feuilles, plants et tous objets pouvant servir à propager le phylloxera.

ART. 5. — Toute plantation faite à l'aide de plants introduits frauduleusement sera détruite par ordre de l'autorité administrative, sans préjudice des poursuites à exercer contre les délinquants.

ART. 6. — Il est interdit d'introduire, de détenir et de transporter à l'état vivant le phylloxera, ses œufs, larves et nymphes.

ART. 7. — Dans les territoires soumis à l'autorité militaire, les dispositions des articles qui précèdent sont appliquées par l'autorité chargée de l'administration.

ART. 8. — Les frais résultant des opérations prescrites aux articles 3 et 4 sont à la charge de l'Etat.

Les frais de visites ordonnées par l'article 2 sont supportés par la commune. Ces dépenses sont obligatoires.

TITRE II

INDEMNITÉS.

ART. 9. — Le propriétaire dont la vigne aura été détruite en exécution de la présente loi aura droit à une indemnité qui sera à la charge du Trésor.

Cette indemnité ne pourra dépasser la valeur du produit net de trois récoltes moyennes que la vigne aurait pu donner, déduction faite des frais de culture, de main-d'œuvre et autres, que le propriétaire ou le vigneron aurait eu à faire pour l'obtenir.

Les autres dommages causés par le traitement de la vigne infectée ou suspecte donneront lieu également à une indemnité correspondant au préjudice causé.

Dans les deux cas, l'évaluation de l'indemnité est faite par le délégué du Préfet et un expert désigné par la partie.

Le procès-verbal d'expertise est visé par le Maire, qui donne son avis.

Le Ministre peut ordonner la révision des évaluations par une commission dont il nomme les membres.

L'indemnité est fixée par le Ministre, sauf recours au Conseil d'Etat.

ART. 10. — Il n'est alloué aucune indemnité à tout détenteur de vignes, à un titre quelconque, qui aura contrevenu aux dispositions de la présente loi ou aura introduit chez lui des plants ou produits agricoles ou horticoles dont l'introduction est prohibée.

TITRE III

PÉNALITÉS.

ART. 11. — Sans préjudice de la déchéance prévue à l'article 10 et des responsabilités inscrites dans les articles 1382 et suivants du Code civil, les contrevenants aux dispositions qui précèdent, aux décrets et aux arrêtés rendus pour l'exécution de la présente loi, seront passibles des peines édictées par les articles 12, 13, 14 et 15 de la loi des 15 juillet 1878 et 2 août 1879.

ART. 12. — Toutes les dispositions inscrites dans les lois des 15 juillet 1878 et 2 août 1879, en ce qu'elles ne sont pas contraires à la présente loi, restent applicables à l'Algérie.

La présente loi, délibérée et adoptée par le Sénat et par la Chambre des députés, sera exécutée comme loi de l'Etat.

Fait à Paris, le 21 mars 1883.

JULES GRÉVY.

Par le Président de la République :

Le Ministre de l'Agriculture,
J. MÉLINE.

DEUXIÈME PARTIE

VINIFICATION

I

Du raisin et de la vendange.

RAISIN.

La connaissance du raisin et de son développement indique au viticulteur l'époque à laquelle il doit vendanger, et le renseigne également sur les procédés de vinification à employer.

Dans sa végétation, le raisin passe par trois phases bien tranchées :

1° *De la fécondation à la véraison.* — A partir du moment où l'ovaire est transformé en fruit, le raisin grossit, mais il reste vert, et son acidité va toujours en augmentant jusqu'à la véraison ;

2° *De la véraison à la maturation.* — La véraison a lieu fin juillet, elle est caractérisée par une série de phénomènes physiologiques : à ce moment, la végétation s'arrête, les rameaux et les feuilles pâlissent, la vigne entière paraît en souffrance.

A partir de cette époque le raisin prend sa couleur, et la proportion de sucre qu'il contient augmente jusqu'au moment de la maturation ; par contre, l'acidité diminue.

La maturation physiologique a lieu lorsque le pépin est devenu adulte, — à ce moment, la queue de la grappe est devenue brune et dure, le raisin se détache facilement, laissant un pinceau adhérent au pédicelle et coloré selon les raisins. — Le raisin a terminé sa végétation, il ne se forme plus de sucre.

3° *De la maturation au blettissement.* — Le raisin ne reçoit plus rien de la plante, ses échanges n'ont lieu qu'avec l'atmosphère. Il perd une partie de son eau, il se dessèche, et, en même temps, son sucre et ses acides se brûlent, donnant de la vapeur d'eau et de l'acide carbonique, et finalement une quatrième période a lieu se terminant par la dessiccation ou par la pourriture.

Il est à remarquer que pendant cette troisième période de la maturation physiologique au blettissement, la *proportion* de sucre dans le raisin augmente par suite de la diminution dans la quantité d'eau, mais la *quantité* de sucre n'augmente pas; au contraire, elle diminue. Ainsi, si l'on vendange trop tard, le moût est plus sucré, mais on a perdu du sucre à l'hectare.

On conçoit que la maturation industrielle ne se confond point avec la maturation physiologique et qu'elle n'est déterminée que par les qualités du vin que l'on veut obtenir.

Veut-on une proportion d'acidité plus ou moins grande dans le vin, la maturation industrielle? le moment de la vendange précédera plus ou moins la maturation physiologique. Veut-on avoir un vin plus alcoolique, ou même un vin plus ou moins doux? le moment de la vendange viendra après celui de la maturation.

Ainsi, si l'on veut augmenter l'acidité, on vendange tôt,— si l'on veut augmenter le sucre, on vendange tard.

Les cépages pauvres en acidité, tels que l'aramon, seront vendangés tôt, avant leur maturation complète. Au contraire, les cépages riches en acidité, le mourvèdre, par exemple, seront vendangés lors de leur maturité physiologique.

Dans l'Hérault, où l'aramon domine, on vendange alors que le moût marque 9 à 10° B. Pour obtenir des vins secs on attend que le moût pèse 15° B., et pour les vins doux 18 à 20° B.

En Algérie, au moment où la maturation physiologique a lieu, les cépages les plus cultivés donnent un moût pesant 11 à 13° B. C'est généralement entre ces limites que l'on vendange. Ce moment est déterminé soit à l'acide de l'aréomètre, soit au goût et à la coloration du raisin, à la coloration brune des grappes, à la finesse de la pellicule, à la coloration foncée des pépins et à la facilité avec laquelle ils se séparent de la pulpe, à la coloration du pinceau qui reste adhérent à la grappe en détachant le grain, lequel se détache facilement.

Le raisin se ressent des variations qui se produisent dans l'état hygrométrique de l'atmosphère. S'il pleut ou si l'air est humide, le raisin se gonfle et devient plus aqueux. Si l'air est sec, si le siroco souffle, l'eau du raisin disparaît en partie, il s'ensuit que le raisin est plus sucré.

La richesse en sucre du raisin est donc sujette à des variations fréquentes et l'on conçoit l'influence que peut exercer sur le vin le temps qu'il fait pendant la durée de la vendange, ainsi que l'heure à laquelle la vendange se fait.

Les éléments chimiques du raisin sont en quelque sorte localisés dans ses diverses parties; sur la pellicule se trouvent des ferments.

Dans la pellicule et au-dessous d'elle, du tannin, des matières colorantes, le parfum.

La chair du raisin, la pulpe, contient surtout du sucre, et en plus forte proportion à la périphéric qu'au centre.

Le pépin contient du tannin et des matières grasses.

La râfle, des acides divers, des matières mucilagineuses, des matières astringentes donnant au vin le goût de grappe ; elle est, comme la pellicule, couverte de ferments.

Cependant, chez les teinturiers la couleur est répartie dans toute la pulpe, de même que le parfum chez les muscats.

VENDANGE.

On emploie pour la vendange des paniers, des corbeilles, des hottes, des seaux, des cornues ou autres récipients ; chaque contrée a le sien. En Algérie, la corbeille paraît prendre le dessus ; elle a l'avantage de ne pas coûter cher, et pour cette raison surtout elle se prête très bien à un procédé de réfrigération de la vendange, que nous aurons à voir dans la suite.

Pour détacher les grappes on emploie des serpettes ou des ciseaux.

Indiquons comment la vendange est conduite dans l'Hérault ; on la conduit souvent ainsi en Algérie, et cette manière peut servir de type.

On établit tous les cinq ou six rangs de vigne une sorte de chemin, en coupant au sécateur l'extrémité des sarments ; dans la rangée ainsi nettoyée, on dispose des cornues, sortes de baquets oblongs.

Les vendangeurs, munis de seaux en bois ou en fer blanc et de serpettes ou de ciseaux, marchent de front et vident leurs seaux dans les cornues qu'ils rencontrent tous les cinq ou six pieds.

Des porteurs portent ces cornues pleines jusqu'aux chemins de desserte, et les chargent sur les voitures : les cornues vides qui reviennent du cellier sont de nouveau disposées en avant des vendangeurs. On emploie aussi, dans l'Hérault, de grands récipients en bois ou en toile chargés sur les chariots.

En Algérie les cornues sont avantageusement remplacées par des corbeilles et les seaux par des paniers. La fermeté plus grande des raisins permet d'ailleurs cette substitution.

II

Transformation du moût du vin.

FERMENTATION.

Lorsque la vendange a été foulée et mise en cuve, elle ne tarde pas à bouillir, à fermenter.

La température s'élève, le volume augmente, des bulles de gaz traversent le liquide et viennent crever à la surface ; elles soulèvent les matières solides, les pellicules et les rafles en suspension dans le liquide et les entraînent à la surface où elles forment le *chapeau*.

Au bout d'un temps plus ou moins long, cette ébullition prend fin, la température s'abaisse, le dégagement de gaz cesse, le chapeau s'enfonce, la fermentation est terminée, et le moût est transformé en vin.

Il s'est produit pendant ce temps de grands changements : le moût était sucré, le vin ne l'est plus ou ne l'est que très peu, mais en échange il contient de l'alcool — et c'est là la transformation capitale due à la fermentation. — Comment s'est-elle produite ?

Nous avons dit plus haut que sur la pellicule des raisins et sur la rafle se trouvaient des ferments. Ces ferments que l'air a amenés sont des végétaux microscopiques, de petites cellules, comme celles qui constituent tous les êtres organisés, qui, par suite de l'accomplissement de leurs fonctions vitales, produisent divers changements dans la nature des corps dans lesquels ils vivent.

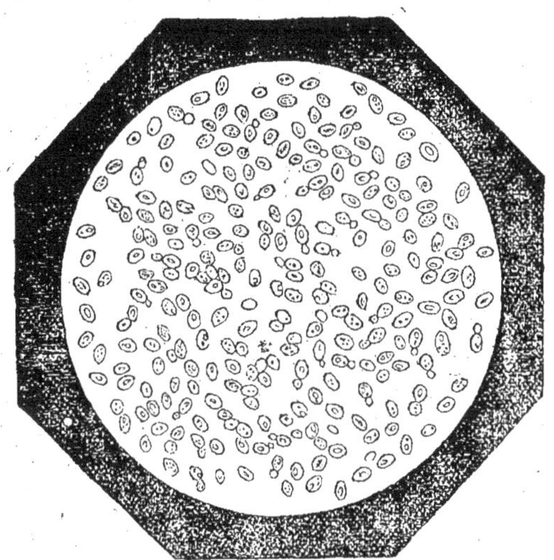

Ferment alcoolique de la bière.

Enfermez des animaux dans une chambre avec de l'air et des aliments : revenez quelque temps après, de notables différences se seront produites ; nous pouvons supposer que les dits animaux aient cru et multiplié, mais ce qui est certain, c'est qu'ils auront mangé et respiré, et que les aliments auront été transformés en substances de ces animaux eux-mêmes et en excréments, que l'air ne sera plus pur, il sera chargé d'acide carbonique, résultat de leur respiration.

Les plantes modifient aussi le milieu dans lequel elles vivent ; tous les êtres vivants font de même, et le ferment alcoolique, par conséquent, en fait autant.

Mis en présence de sucre et dans des conditions voulues, le ferment alcoolique se multiplie et transforme le sucre en autresproduits. Ces produits sont l'alcool et l'acide carbonique (gaz de l'eau de seltz, de la limonade gazeuse, etc.).

Du sucre qui se trouvait dans le moût et qui lui a servi de nourriture, le ferment alcoolique n'a pris que fort peu de chose pour lui, mais il a transformé ce sucre en poids sensiblement égaux d'alcool qui est resté dans le liquide et de gaz acide carbonique qui s'est échappé. Il a aussi donné naissance à une petite proportion d'autres corps, de la glycérine et de l'acide succinique entre autres. Mais nous n'en tiendrons pas compte et nous admettrons que 1 kilogr. de sucre de glucose, qui est le sucre contenu dans le raisin, donne 1/2 kilogr. d'alcool et 1/2 kilogr. d'acide carbonique, soit en volume environ 63 centilitres d'alcool et 250 litres d'acide carbonique.

On peut tirer de là diverses conclusions, entre autres celleci, c'est que pour produire 1 litre d'alcool, ou en d'autres termes, pour faire monter de 1 degré le titre alcoolique de 1 hectolitre de vin, il faut environ 1,600 grammes de sucre de raisin. L'analyse chimique d'un moût permet donc de prévoir le degré alcoolique que marquera le vin, et de calculer la quantité de sucre ou de substances en contenant qu'il faut ajouter, si l'on veut obtenir un degré supérieur à celui qu'il donnerait naturellement, ou d'eau si l'on veut obtenir un degré plus faible.

L'analyse chimique peut seule nous indiquer exactement la quantité de sucre que contient un moût, mais on peut avoir une indication approchée par l'emploi de l'aréomètre.

Un aréomètre est un tube de verre fermé et lesté qui, de même que tout corps flottant dans un liquide, s'enfonce plus ou moins, suivant que le liquide dans lequel on le plonge est moins ou plus lourd.

Le moût étant en gros, un sirop, une solution de sucre dans de l'eau, plus il y aura de sucre, plus le moût sera dense et, par suite, moins l'aréomètre s'enfoncera. Ce tube est gradué, et l'on peut lire jusqu'à quel degré il s'enfonce.

Or, il se fait que par l'effet du plus grand des hasards, l'aréomètre Beaumé, étant plongé dans un moût, nous indique à peu près le degré alcoolique que pèsera le vin. Soulignons l'à peu près, car le moût contient d'autres matières que du sucre et en proportions variables, suivant les cépages, le sol, le climat, les expositions, les années, etc. Or, ces autres matières contribuent comme le sucre à modifier la densité du moût (1).

On emploie aussi le densimètre, autre appareil semblable à l'aréomètre Beaumé, mais qui indique la densité réelle du moût.

On peut, sans appareil, déterminer la densité d'un moût en pesant un litre de ce liquide, le poids obtenu est un chiffre égal à celui du densimètre, il exprime aussi la densité du moût.

Degré Beaumé.	Densité correspondante.	
1	1.008	
2	1.015	
3	1.022	
4	1.029	Différence : 0.007.
5	1.036	
6	1.043	
7	1.051	
8	1.059	
9	1.067	
10	1.075	Différence : 0.008.
11	1.083	
12	1.091	
13	1.099	
14	1.107	
15	1.116	
16	1.125	
17	1.134	Différence : 0.009.
18	1.143	
19	1.152	
20	1.161	

(1) Il faut souvent compter un degré de moins.

Revenons à la fermentation elle-même, et aux ferments qui en sont les agents. Ce sont, en quelque sorte, des organismes domestiques qui travaillent pour notre compte, de même que le bœuf, le cheval, le ver à soie, les abeilles, etc. ; comme eux ils méritent certains égards et exigent certains soins que nous aurions grand tort de ne pas leur accorder.

Voyons quelles sont leurs exigences.

Il leur faut d'abord une *température* spéciale, ils souffrent du froid, ils souffrent du chaud, et quand ils ont froid ou quand ils ont chaud, ils font mal leur besogne. Or ils ont froid quand la température s'abaisse au-dessous de 20°, ils ont chaud quand elle s'élève au-dessus de 35°. C'est entre ces deux limites que la fermentation s'opère le mieux, que le ferment extrait du sucre la plus forte proportion d'alcool. Au-dessus de 35°, la fermentation va mal, il se forme moins d'alcool et plus d'autres produits ; au delà de 40° cela va très mal, et même si la température dépasse cette limite, les ferments, dont l'activité s'est développée outre mesure, ne tardent pas à cesser de fonctionner, c'est ce qu'il faut éviter en Algérie ; il faut maintenir la température aussi bas que possible : il n'y a point ici à craindre qu'elle soit trop basse, car si elle s'élève, la fermentation s'exagère, il y a moins d'alcool produit, déperdition d'alcool et de bouquet, tous deux matières très volatiles qui s'évaporent ; enfin, la fermentation peut s'arrêter avant que tout le sucre n'ait été transformé.

Le thermomètre doit être, comme l'aéromètre ou le densimètre, un outil usuel du praticien, pendant la vinification

Il faut aux ferments une *nourriture appropriée :* elle se trouve dans le moût, et le sucre est la principale de ces matières.

Mais s'il leur faut du *sucre*, il ne leur en faut pas trop. Un liquide excessivement sucré ne fermente pas : ce n'est pas le cas du moût, mais s'il est trop sucré, il ne fermente pas complètement, car l'alcool, à mesure qu'il se produit, nuit à la fermentation, finit même par l'arrêter. C'est ce qui a lieu lorsque le moût pèse plus de 12° B. Il reste toujours un peu de sucre qui ne fermentera que dans la suite, et même s'il pèse plus de 15° le vin reste doux, ce qui présente le multiple inconvénient d'avoir gâché du sucre inutilement, d'avoir un vin qui n'est pas très agréable et qui ne se conserve pas facilement; il reste longtemps en fermentation dans les foudres et fait sauter les bouchons ou éclater les bouteilles.

Ainsi que nous l'avons dit, l'*alcool*, à mesure qu'il se produit, gêne le ferment et ralentit son activité : l'addition d'alcool à la cuve a, entre autres effets, celui de ralentir la fermentation.

Lorsque l'alcool a atteint une certaine proportion, il gêne tellement la fermentation qu'il finit par l'arrêter, il finit même par tuer le ferment comme il tue tous les organismes ; et c'est sur cette propriété de l'alcool qu'est basé son emploi comme antiseptique. C'est ainsi que les vins très alcooliques, soit naturellement, soit par le vinage, sont d'une conservation assurée.

Or, c'est 15° environ qui est la proportion suffisante pour arrêter la fermentation. Dès qu'un vin contient 15 % d'alcool en volume, c'est-à-dire marque 15 %, la fermentation s'arrête et, s'il reste du sucre, le vin restera doux.

C'est ainsi que souvent l'on fabrique les vins doux, et c'est en raison encore de ce fait qu'on ne peut pas faire de l'eau-de-vie du premier coup par simple fermentation, et que l'on est obligé de distiller les liquides fermentés pour y arriver.

L'*oxygène* est nécessaire au développement de la levure, il avive ses fonctions. Il semblerait donc qu'en Algérie, où l'on a à redouter une fermentation trop active, l'oxygénation, l'aération du moût qui peut être obtenue par le brassage de la vendange, par le foulage du chapeau dans la cuve, par le soutirage à la cuve, doive être banni. Ce serait une erreur, car sous l'action de la température élevée qui règne dans les cuves en fermentation, le ferment souffre et cesse même de fonctionner: l'action de l'oxygène vient le ranimer ; en outre, l'aération du moût a pour heureux effet d'oxyder divers principes du moût et du vin et de développer ainsi le bouquet.

Le ferment alcoolique n'est pas le seul ferment: il en existe grand nombre d'autres ; chacun exige une nourriture particulière et a sa température de prédilection ; dans les conditions qui leur sont propres, chacun d'eux opère une transformation spéciale.

Le raisin a amené d'autres ferments que le ferment alcoolique : ils ne se sont point développés parce qu'ils ne se trouvaient point dans les conditions qui leur sont nécessaires et ont cédé la place au ferment alcoolique qui, lui, s'y trouvait ; mais ils les trouveront peut-être plus tard et ce seront des ennemis à combattre, car ils seront la cause de diverses maladies du vin. Nous aurons à nous en occuper à ce sujet, mais un d'eux peut nous intéresser dès à présent, c'est le *ferment acétique* qui vit à la surface du vin et porte l'oxygène de l'air sur l'alcool du vin, qu'il transforme en acide acétique, — le vin devient du vinaigre. Puisqu'il faut au ferment acétique le contact de l'air, on conçoit qu'on pourra l'empêcher de fonctionner en évitant tout contact du vin avec l'air, ou en faisant plonger fréquemment ce ferment dans le vin.

Il est impossible de terminer ces deux mots sur les ferments, sans citer le nom de M. Pasteur, le savant qui a été le principal auteur de leur étude, et que tous les Français doivent connaître, les vignerons en particulier.

La fermentation a donné lieu à la transformation du sucre en alcool, et c'est là la grande différence qui existe entre le moût et le vin. Chez les vins blancs, c'est à peu près le seul changement qui se soit produit ; mais chez les vins rouges il s'en est produit encore d'autres, par suite de l'intervention de la partie solide du raisin dans la fermentation. Ainsi la matière colorante de la pellicule s'est dissoute, la rafle a cédé au vin son âpreté, ses acides, et lui a pris de l'alcool et un peu de couleur, les pépins ont cédé du tannin et des matières grasses.

On conçoit l'influence que peut avoir la grosseur des grains, le volume de la rafle, en un mot le rapport entre les diverses parties du raisin (rapport qui dépend du cépage, du climat, du sol, de la culture), sur la composition et les qualités d'un vin ; de même qu'il est aisé de se rendre compte de l'effet que peut produire la suppression de telle ou telle partie du raisin, ou au contraire un contact plus prolongé ou plus intime avec elle.

C'est ainsi que si l'on fait cuver du moût de raisin rouge sur le marc, on a du vin rouge ; mais que si l'on passe le moût à travers un tamis qui retienne les pellicules, on a du vin blanc, comme celui obtenu des raisins blancs.

La matière colorante du vin est rougie par les acides : les vins âpres ont une couleur vive. Au contraire les vins manquant d'acidité ont une couleur terne et qui donne sur le bleu. Le vin versé sur le marbre qui neutralise ses acides devient verdâtre, le raisin qui est sali de terre donne souvent un vin de couleur identique pour la même raison.

Le parfum du raisin qui se trouvait répandu dans tout le grain, mais surtout sous la pellicule, a passé dans le vin, et les vins d'œillade, par exemple, rappellent le goût de ce raisin. D'autres parfums se développeront dans la suite sous l'action des acides, de l'oxygène de l'air et du temps sur l'alcool.

On voit le rôle important que jouent les acides sur la couleur et le parfum du vin. Ces acides sont nombreux : parmi eux se trouve l'acide tartrique sous forme de bitartrate de potasse, qui se dépose en partie avec le temps, en constituant le tartre.

Mais le principal de ces acides est le tannin qui est un des plus puissants agents de conservation du vin, et un de ses éléments caractéristiques.

Son action sur l'organisme est des plus hygiéniques, et diffère sensiblement de celle des tannins extraits de l'écorce de chêne, de la noix de galle, etc., qui ne peuvent sous ce rapport le remplacer avantageusement.

L'alcool, la couleur, les acides, et le bouquet sont les principaux éléments du vin. Ces divers éléments sont ceux qui influent le plus sur les qualités commerciales, déterminées par la couleur, l'odeur et le goût.

III

Du cuvage.

Le raisin, égrappé ou non, foulé ou non, est mis en cuve, et la fermentation ne tarde pas à s'établir avec les caractères que nous avons décrits plus haut.

Cette opération porte le nom de *cuvage* ou de *cuvaison;* on dit aussi que la vendange boût.

Dans cette opération, deux phénomènes principaux, très distincts, se produisent en même temps :

La *fermentation*, c'est-à-dire la transformation du sucre en alcool et en acide carbonique, avec production en faible proportion de glycérine, d'acide succinique, etc. ;

Et ce que nous appellerons la *macération*, c'est-à-dire le contact du marc avec le liquide nouveau qui prend naissance sous l'action de la fermentation. Ce phénomène se caractérise par un échange de matières entre les deux éléments en présence, le marc et le vin.

Cette distinction, qui est d'ailleurs toute naturelle, nous permettra de nous rendre un compte exact des pratiques de la vinification.

FERMENTATION.

Le raisin apporte avec lui tous les éléments nécessaires à la fermentation : le ferment lui-même et le sucre et autres aliments qui lui sont nécessaires.

Parfois, il apporte trop de sucre, et alors la fermentation est incomplète.

Les essais nombreux et intéressants faits sur ce sujet par M. Bordet, ont montré qu'en Algérie il ne fallait pas dépasser 12° B. pour avoir une fermentation régulière et complète dans les conditions de la pratique algérienne ; pour cela, il faut vendanger à point, ou, au pis aller, additionner d'eau (mouillage). A part cela, les corrections que le moût peut nécessiter ont en vue une modification du vin lui-même, et elles seront étudiées plus loin.

Les seuls points dont le viticulteur ait à se préoccuper au sujet de la fermentation, sont, à part le degré de sucre du moût, la température et l'aération du moût ; enfin il doit éviter que toute autre fermentation alcoolique ne se développe.

Température. — Nous n'avons point à nous préoccuper ici du cas où la température serait trop basse ; en Algérie, elle ne l'est jamais assez, et le vigneron algérien ne doit pas avoir d'autre but, sur ce point, que d'abaisser la température le plus possible et le plus économiquement possible.

On arrive à ce résultat, en n'introduisant dans la cuve que de la vendange froide, en maintenant la température basse dans le cellier, en empêchant sa trop forte élévation dans la cuve.

Il serait certainement préférable, pour satisfaire la première de ces conditions, de ne vendanger seulement que de très grand matin, mais cela n'est que rarement possible. On peut arriver au même résultat par la *réfrigération de la vendange*, et c'est là un des procédés caractéristiques de la vinification en Algérie: c'est une de nos premières pratiques spéciales qui aient vu le jour et dont l'usage ne tend qu'à se généraliser.

Ce procédé consiste à avoir deux jeux de paniers pour la vendange, et à laisser refroidir, toute la nuit, en lieu frais, la vendange de la journée, qui n'est mise en cuve que le lendemain matin. On peut aider à cette réfrigération en projetant de l'eau sur les raisins, en disposant les corbeilles sur du sable entretenu humide, etc.

La *cave* est coûteuse et peu commode, le *cellier* s'impose: il doit être disposé de façon à ce qu'il y règne la plus basse température, être tourné vers le Nord, être en contrebas du sol, être adossé contre un monticule ou contre une digue de terre rapportée, si c'est nécessaire, qui, tout en garantissant le cellier, permet l'accès facile du haut des foudres pour amener la vendange, — être encore protégé du soleil par des plantations d'arbres, — être surmonté d'un premier, servant de grenier ou d'autre chose, ou mieux, être très élevé, ou encore plafonné intérieurement (à l'aide de claies en roseaux ou de liége de rebut, par exemple), — être muni de conduites souterraines qui refroidissent l'air avant son accès dans le cellier, ou circulent dans le cellier en le refroidissant, — être pourvu d'ouvertures dans la partie basse pour l'évacuation de l'acide carbonique, — ne présenter que les ouvertures indispensables sur les faces exposées au soleil, être surtout ouvert sur la face fraîche (celle exposée au Nord).

L'aération des celliers est un point très essentiel, et si, en général, dans leur construction, on s'occupe beaucoup d'empêcher l'accès de la chaleur extérieure, on ne s'occupe pas assez de faciliter la sortie de la chaleur énorme produite durant le cuvage par les masses en fermentation. On oublie que c'est là une grande cause d'échauffement des celliers, et l'on copie trop volontiers le type du chai ou cellier du marchand de vin, excellent pour celui-ci, qui n'a qu'à y conserver le vin, mais assez mauvais pour le viticulteur qui a surtout à y faire cuver. Si c'était économiquement possible, il serait préférable d'avoir une cuverie et un chai.

Pendant le cuvage, le cellier doit être fréquemment arrosé, et les fenêtres ouvertes la nuit.

La température ne doit pas trop s'élever dans la cuve. — A ce sujet, les *cuves* doivent avoir un petit volume ; plus une cuve est grande, plus la température s'y élève. La raison est qu'une cuve d'un faible volume présente, par rapport à la quantité de vendange qu'elle contient et qui s'échauffe sous l'action de la fermentation, une plus grande surface de rayonnement de la chaleur, qu'une autre de volume plus grand.

Dans les *foudres*, la température s'élève moins que dans les cuves en maçonnerie à volume égal.

Les foudres pouvant seuls servir à la conservation et surtout à l'amélioration du vin, sont, par la simple raison d'économie, les seuls récipients généralement employés pour le cuvage.

On refroidit la cuve à l'aide de glace, mais c'est là un moyen coûteux, — en l'entourant d'eau qui circule autour, — en la faisant traverser par un serpentin où circule de l'eau fraîche, procédé qui peut également s'appliquer aux foudres, etc. Les foudres peuvent être arrosés.

L'*Oxygène de l'air*, en se dissolvant dans la vendange, joue un rôle utile, en favorisant le développement du bouquet et un rôle parfois nécessaire en activant la fermentation.

L'aération du moût est un des effets du foulage du chapéau dans la cuve. — C'est le but principal du brassage de la vendange et du soutirage à la cuve.

Le contact prolongé de la vendange avec l'air a un effet tout différent : l'oxygène, alors, a pour effet nuisible de causer l'acétification.

L'*acétification*, l'*aigre*, peut se produire durant la fermentation. L'acétification est due, ainsi que nous l'avons dit, à un ferment, le ferment acétique, qui exige le contact de l'air pour transformer l'alcool en acide acétique, c'est-à-dire le vin en vinaigre.

On évite son action, en maintenant la masse en fermentation à l'abri de l'air, ce qui s'obtient en ne remplissant pas la cuve : cet espace vide se remplira d'acide carbonique qui jouera le rôle d'un excellent couvercle.—Si, outre cela, la cuve est couverte, cela sera encore mieux, et c'est le cas en foudres. — En égrappant la surface du chapeau, on diminue son contact avec l'air;— enfin, en plongeant le chapeau de temps en temps dans le liquide, on empêche le ferment acétique de fonctionner.

MACÉRATION.

La macération est, avons-nous dit, le phénomène par lequel le liquide alcoolique produit par la fermentation s'imprègne des matières du marc, c'est-à-dire de la grappe, des pépins et de la pellicule. La composition chimique du raisin et du vin, que nous avons résumée plus haut, permet de saisir les détails essentiels de ce phénomène. Au résumé, sous l'action de ce contact, le vin se charge à mesure qu'il se produit de couleur, d'acides, de parfums que lui cède le marc. De son côté, la rafle se charge de couleur et d'alcool aux dépens du vin.

Dans la fabrication des vins rouges, chez lesquels la couleur joue à côté d'autres éléments extraits de la partie solide un rôle essentiel, cette macération doit être aussi complète que possible. Or, il est à remarquer que si l'on n'intervient pas pour faciliter ce contact, il n'est jamais parfait, en raison de la séparation qui s'opère dès les débuts de la fermentation, entre la partie solide qui se rassemble à la surface en constituant le chapeau et la partie liquide qui reste au fond.

On rend ce contact plus grand, soit en prolongeant la durée du cuvage, soit en faisant cuver deux fois le même marc, c'est-à-dire en procédant à une nouvelle cuvée de vendange sur le marc d'une cuvée précédente, soit en mêlant le chapeau et le liquide par l'emploi de cuves à étages, par le foulage à la cuve ou par le soutirage à la cuve.

RAPPORTS EN POIDS ET VOLUMES ENTRE LA VENDANGE
ET LE VIN.

Ces chiffres sont évidemment très élastiques. On peut cependant admettre que :

100 litres de raisin pèsent 50 kilog. ;

100 kilog. de raisin donnent 60 à 65 litres de vin de goutte ; 35 à 40 kilog. de marc, d'où l'on peut extraire 10 litres de vin de presse.

La proportion de marc est plus forte en Algérie qu'en France, et varie selon que l'année est plus ou moins sèche. La proportion des divers cépages influe aussi.

Au décuvage on retire un volume de vin égal aux 2/3 environ du volume de la cuvée.

En ajoutant le vin de presse, 100 kilog. de raisin donnent 70 à 75 litres de vin.

ACIDE CARBONIQUE PRODUIT PENDANT LA FERMENTATION.

L'acide carbonique se dégage pendant la fermentation en quantité énorme : 250 litres par kilogr. de sucre transformé, soit plus de 4,000 litres par hectolitre du vin produit.

L'acide carbonique est irrespirable, il cause la mort par asphyxie; ce serait là une raison suffisante pour que l'on s'efforçât de faciliter son évacuation, et il y en a encore une autre : par sa température élevée au sortir de la cuve, il élève la température du cellier, ce qu'il faut éviter.

Ce gaz est plus lourd que l'air, il se tient dans la partie inférieure de la cave ou du cellier ; aussi des ouvertures doivent être ménagées dans cette partie, enfin le cellier doit être laissé ouvert durant la nuit.

On ne doit point pénétrer sans précaution dans une cuve ou dans un foudre où l'on a fait cuver, et qui contient par conséquent de l'acide carbonique, ni même dans aucun récipient pendant que du vin fermente à côté, car des foudres vides, et ouverts ou même fermés, sont susceptibles de se remplir d'acide carbonique dégagé par une cuve voisine.

Avant de descendre dans un de ces récipients, on doit y introduire une bougie allumée : si elle s'éteint, c'est que l'atmosphère est irrespirable.

Dans ce cas, on fait sortir l'acide carbonique en ouvrant l'ouverture inférieure pendant un moment, ou en agitant vivement un drap de lit au-dessus de la cuve, ou en refoulant de l'air à l'aide d'une pompe à air. On peut encore absorber l'acide carbonique soit à l'aide de chaux que l'on humecte et que l'on introduit dans la cuve au moyen d'un vase à grande surface, ou en projetant une solution étendue d'ammoniaque.

Les foudres vieux et plus ou moins moisis contiennent parfois de l'azote dû au développement de mycodermes ayant absorbé l'oxygène de l'air (Saint-Pierre).

Dans ce cas, la bougie s'éteint, l'atmosphère est irrespirable, la ventilation est à employer.

En cas d'asphyxie, on donne au malade les mêmes soins qu'à un noyé, c'est-à-dire qu'en attendant l'arrivée du médecin, l'asphyxié est sorti au grand air, couché sur le dos, la tête élevée. On le frictionne énergiquement avec un linge imbibé d'eau vinaigrée, on lui chatouille les narines et les lèvres à l'aide de barbes de plumes, on lui fait respirer des odeurs fortes.

Si la respiration a cessé, on tâche de la ramener en insufflant de l'air dans les poumons par l'une des narines, soit à l'aide d'un soufflet, soit avec la bouche à l'aide d'un tuyau et en fermant la bouche de l'asphyxié pour empêcher la sortie de l'air, et en aidant les mouvements de la poitrine par une pression exercée au niveau de la ceinture des deux côtés.

On doit poursuivre ce traitement avec persévérance ; plusieurs heures sont parfois nécessaires : on doit l'employer si désespéré que paraisse l'état du malade, même eût-il l'air mort.

IV

Des diverses pratiques de la vinification.

FOULAGE.

Le foulage est l'opération qui précède le cuvage et qui consiste à écraser le raisin. Elle se pratique à pied d'hommes, ce qui est le moyen antique très généralement respecté dans les grands crus ; parfois on presse le raisin au pressoir ; mais c'est généralement à l'aide de fouloirs que cette opération se pratique. Les fouloirs sont des sortes de laminoirs formés de deux cylindres tournant l'un devant l'autre en sens contraire.

Les différences entre le foulage à pied d'hommes et au fouloir, sont que par ce dernier procédé le travail est plus économique, parfois plus propre; les raflés sont souvent écrasées, ce qui donnera plus d'acidité et de goût de grappe au vin; les pépins le sont parfois aussi, ce qui pourra communiquer au vin le goût spécial des matières huileuses qu'ils renferment et aussi plus de tannin dont ils sont très riches.

Le foulage a pour effet de déchirer les cellules du fruit et d'en faire écouler le jus qui est alors en contact complet avec le ferment: il s'aère, prend de l'oxygène à l'air, et le premier développement du ferment est ainsi facilité. En ne foulant pas, la fermentation est longue et marche par saccades, la température s'élève fortement, l'aigre se développe facilement; on a une forte masse à presser, qui donne plutôt du moût que du vin.

Le foulage a encore pour effet l'oxydation du moût et par suite le développement du bouquet dans le vin.

Finalement le foulage est une opération essentielle, et surtout en Algérie où les raisins acquièrent une consistance plus ferme qu'en France, où les aramons eux-mêmes sont toujours plus ou moins croquants.

ÉGRAPPAGE.

L'*égrappage* est l'enlèvement de la rafle. Cette opération est faite à la main, ou en remuant soit à bras, soit au râteau les grappes sur un grillage : — les grains passent, la rafle reste. — On pratique aussi cette opération à l'aide d'un appareil nommé *égrappoir*, sorte de crible cylindrique, muni de dents, au centre duquel tourne un arbre aussi armé de dents comme un râteau.

Cette opération se pratique soit sur la totalité, soit sur une partie seulement de la vendange. Pour se rendre compte de son résultat, il est nécessaire de connaître le rôle de la rafle, et le voici : La rafle a un rôle sur la fermentation, elle la facilite en divisant le chapeau et facilitant ainsi la sortie de l'acide carbonique, en apportant du ferment, en fournissant au ferment des matières azotées nécessaires à son alimentation, en introduisant de l'air, et par conséquent de l'oxygène dans le moût.

Elle a un rôle dans la macération : elle communique au vin de l'acidité, parfois un goût de rafle désagréable, elle se charge d'alcool et de couleur aux dépens du vin.

Conclusion, que l'expérience confirme :

La fermentation de la vendange égrappée est plus lente, plus régulière, la température s'élève moins que dans la fermentation de la vendange non égrappée.

Les vins obtenus sont moins acides, plus alcooliques, plus colorés, et plus tôt propres à la consommation que les vins non égrappés; mais ceux-ci se dépouillent dans la suite de leur âpreté, acquièrent plus de qualités par l'âge et se conservent mieux.

Un égrappage partiel n'est parfois pas inutile chez les raisins à rafle volumineuse, tel est le cas par exemple du mourvèdre, surtout s'il est seul. L'égrappage est nécessaire lorsque par suite d'accidents ayant causé la chute des feuilles (cas assez fréquent en Algérie) le raisin n'a pu parvenir à une maturité complète, auquel cas il apportera par lui-même assez d'acidité, celle de la rafle serait de reste. L'égrappage est nuisible, au contraire, si le raisin est trop sucré. On égrappe encore lorsque l'on veut avoir un vin promptement buvable.

Au résumé, l'égrappage total et surtout l'égrappage partiel peuvent rendre, souvent, de grands services.

DURÉE DU CUVAGE.

Combien de temps doit-on laisser cuver ?

On ne peut répondre à cette question par un chiffre que lorsqu'on connaît le vigneron, sa clientèle, ses cépages, son terroir, sa futaille, etc. Nous adressant à de nombreux lecteurs, qu'à notre grand regret nous ne connaissons pas aussi intimement, et préférant, d'ailleurs, leur donner non pas des recettes, mais des principes, nous leur ferons une réponse qui pourra servir à tous s'ils veulent bien se donner la peine de la méditer.

Si la fermentation marche d'une façon normale, si elle n'est pas entravée par un abaissement de température ou par un orage qui diminue l'activité des ferments, ou par une trop forte élévation de température qui peut en empêcher le fonctionnement, au bout de 4 à 6 jours la fermentation est achevée, le sucre a donné tout l'alcool qu'il est susceptible de donner pour le moment.

Quel avantage peut-il donc y avoir à prolonger le cuvage au delà de cette limite ?

Ainsi que nous l'avons dit plus haut, il se produit durant le cuvage deux phénomènes différents : la fermentation et la macération ; à partir du moment que nous venons de préciser, la fermentation est terminée, mais la macération continue. Cette deuxième période du cuvage prolongé n'est qu'une macération ; le cuvage prolongé n'est donc qu'une extension donnée au phénomène de macération.

Par le fait de cette prolongation du cuvage au delà de la fermentation, on gagne de la couleur et de l'acidité, on perd de l'alcool et du bouquet, et l'on court le risque de l'acétification si l'on n'y prend garde.

Il faut avoir grand soin, si l'on prolonge le cuvage, de couvrir les foudres ou cuves de façon à conserver au-dessus de la vendange de l'acide carbonique pour empêcher le contact de l'air.

Enfin, pour éviter l'acétification, et aussi étant donnée l'identité des effets du cuvage prolongé et du foulage à la cuve, la prolongation n'a sa raison d'être que si le foulage à la cuve ou l'immersion permanente du chapeau à l'aide de claires-voies ont été pratiqués et sont cependant jugés insuffisants pour produire l'augmentation de couleur et d'acidité désirée.

FOULAGE A LA CUVE.

Le foulage à la cuve est l'opération qui consiste à enfoncer le marc dans le liquide durant la fermentation.

On peut effectuer le foulage à la cuve en montant sur le chapeau, le traversant de trous faits en appuyant sur la pointe du pied ou différemment, puis en pesant sur le chapeau de façon à le faire plonger dans le liquide.

Les résultats de cette opération sont identiques à ceux du cuvage prolongé ; on augmente là encore le contact du chapeau et du vin, on rend le phénomène de macération plus intense. Il y a gain en couleur et en acidité, mais il n'y a point perte d'arôme : il n'y a point non plus acétification, au contraire, elle est évitée si l'on a soin de faire cette opération fréquemment et après avoir constaté que le chapeau n'est pas aigre. Si cette opération est faite tous les jours, à partir de l'entrée en fermentation, l'aigre ne peut se développer ; car, ainsi que nous l'avons vu, pour que le ferment acétique puisse se développer, il faut qu'il reste à la surface du liquide. Si l'aigre s'est développé, ce qui se constate au goût et à l'odeur du chapeau, il faut en enlever la partie supérieure aigrie.

Le foulage à la cuve a d'autres effets, il agit encore sur la fermentation en l'activant.

Si la fermentation est activée, cela est dû à ce que le ferment alcoolique se trouve surtout dans le chapeau et sous lui, et qu'on le répartit dans toute la masse, c'est que l'on introduit aussi de l'oxygène dans le liquide.

L'immersion permanente du chapeau dans le liquide à l'aide de claires-voies, de filets de cordes ou d'arcs-boutants, a, au point de vue de la macération, des effets encore plus grands que le foulage à la cuve.

Enfin, pour extraire du marc le maximum de couleur, on le fait parfois cuver deux fois, c'est-à-dire qu'après le soutirage d'une première cuvée, on ajoute de la vendange nouvelle sur le marc laissé dans le foudre ou la cuve à cet effet.

Ce procédé est surtout appliqué au marc de petit-bouschet, la couleur et l'époque précoce de maturation de ce cépage le permettant plus particulièrement.

SOUTIRAGE A LA CUVE.

Le soutirage à la cuve consiste à soutirer tout ou partie du liquide par le bas de la cuve, et à le reverser sur le chapeau.

On peut le pratiquer à l'aide de pompes ou à l'aide de seaux.

On conçoit que cette opération, bien que très différente dans la forme de celle du foulage à la cuve, présente, en fait, de grandes ressemblances avec cette dernière. C'est aussi une immersion du chapeau ; mais l'oxygénation du moût est autrement grande et son action sera, par conséquent, bien plus énergique sur la vitalité du ferment et sur le développement des arômes que l'oxydation du moût et du vin fait naître.

Cette opération peut rendre de grands services en Algérie.

Lorsque les moûts sont très riches en sucre, cette opération rend plus facile la fermentation qui se produit au cuvage, ce qui est, dans ce cas surtout, un immense avantage.

Elle est de toute nécessité lorsque la température s'élève jusqu'à 40° dans le chapeau, elle a alors pour effet d'abaisser la température, et surtout, par suite de l'oxygénation du moût, de ramener la vitalité du ferment prête à s'éteindre.

MOUILLAGE A LA CUVE.

L'auteur de cette étude est persuadé que les indications absolues, bien que souvent très désirées du lecteur, ne peuvent avoir de valeur que lorsqu'elles sont tout à fait spéciales. Le rôle qu'il s'est imposé est uniquement d'exposer des faits, de décrire des méthodes et des procédés, et d'énoncer des principes, sans se permettre de donner de conseils, et laissant à chacun le soin de tirer les applications et les conclusions convenables pour les conditions spéciales où il se trouve placé.

C'est là sa ligne de conduite générale, et à plus forte raison la suivra-t-il, en entretenant le lecteur des sujets délicats du mouillage, du sucrage, du vinage, du plâtrage ou autres additions de matières.

Ces procédés ne doivent être considérés que comme des nécessités dans certains cas et nullement comme des pratiques usuelles, et, de toutes façons, n'être employés qu'avec discernement et circonspection. Remédier aux défauts que présenterait le vin, par suite d'accidents survenus pendant la végétation du raisin, dans le but d'obtenir un vin normal, tandis que le *pur jus de la treille* ne serait qu'un liquide imbuvable et de conservation impossible ; obtenir ce résultat par l'addition seulement de matières que le vin eût contenues si ces accidents ne se fussent point produits, ce n'est que faire acte de bonne et intelligente fabrication. La conscience de chacun permettra, mieux que toute définition légale ou que toute dissertation plus ou moins philosophique, de saisir le point où s'arrête la fabrication et où commence la fraude.

Le mouillage à la cuve, c'est-à-dire l'addition d'eau à la cuve, a pour but de rendre complète la fermentation d'un moût trop riche en sucre qui, sans cette opération, donnerait un vin sucré désagréable et de conservation difficile.

Cette nécessité se présente en Algérie lorsqu'une période de siroco survient au moment de la vendange, enlevant l'eau que le raisin contenait et concentrant ainsi le moût; dans ce cas, on ne fait que rendre à la vendange ce que le siroco lui a pris.

Il en est de même lorsque, pour une raison quelconque, la vendange est retardée et que le raisin se dessèche sous l'action du soleil.

Les considérations qui doivent guider le viticulteur dans la pratique de cette opération sont celles-ci : Si le moût marque plus de 12° Baumé, la fermentation est presque toujours incomplète, elle ne pourra s'achever que lentement en foudres : — elle ne s'achèvera pas et le vin restera doux, si le moût marque plus de 15° Baumé.

Pour savoir à quel degré il faudra amener un moût trop sucré, le viticulteur doit en outre tenir compte des désirs de l'acheteur à qui parfois le goût sucré ne déplaît pas et qui tient souvent avant tout à avoir un vin dit *naturel*, ou un vin très alcoolique. Il devra tenir compte du moment où il vendra son vin, car s'il ne le vend qu'au bout d'un temps plus ou moins long, l'excédant de sucre pourra fermenter si le moût ne pèse pas plus de 15° B. — Enfin, son installation plus ou moins parfaite, en lui garantissant ou en ne lui garantissant pas la conservation de son vin, est encore un élément à considérer.

La quantité d'eau à ajouter pour amener un moût au degré

désiré, est déterminée par le calcul ou par tâtonnement, par addition d'eau par petites fractions mesurées, dans une quantité connue de moût où plonge un aéromètre.

Le mouillage des vins est une tout autre chose et sort complètement de notre sujet ; remarquons cependant la grande nuance qui existe entre le mouillage à la cuve et le mouillage au tonneau : la première opération conduit à la fabrication d'un vin buvable et conservable par ce fait même ; l'eau ajoutée s'enrichit des principes du raisin, et s'assimile parfaitement au vin comme si le raisin l'avait apportée avec lui, ce qui eût eu lieu s'il n'avait pas fait sec, si l'on n'avait pas retardé la vendange ou si l'on avait arrosé la vigne. — Le mouillage au tonneau est, à vrai dire, la confection en grand de l'eau rougie.

SUCRAGE.

Le sucrage est pratiqué dans le but d'élever la proportion de sucre contenu dans un moût de façon à augmenter le degré alcoolique du vin. Il s'emploie soit pour les moûts de plaine parfois naturellement trop pauvres en sucre, soit dans le cas où la maturation a été entravée, ce qui peut être causé par la chute des feuilles (peronospora, siroco pendant la végétation, altises).

Le vinage n'a point le même résultat relativement à la composition du vin.

Pour savoir quelle est la quantité de sucre à ajouter, il faut savoir à quel degré on veut amener le vin et quel degré il aurait sans cette addition de sucre.

Si le raisin est arrivé à maturité, le degré alcoolique du vin est à peu près le degré Baumé que pèse son moût. Si la maturation est incomplète, le goût plus ou moins sucré du raisin peut servir de guide. — On ne peut avoir d'indication précise qu'en dosant le sucre.

Il faut environ un kilog. 1/2 de sucre de canne (sucre en pain) pour augmenter de 1° le titre alcoolique d'un hectolitre de vin, de sorte que 150 kilog. de sucre augmentent le volume de la cuvée de 1 hectolitre.

Pour augmenter le titre des vins inférieurs, l'emploi du sucre de canne n'est point économiquement possible. Le glucose (sucre de maïs, de fécule, sirop de fécule, etc.) peut seul être employé ; mais il communique souvent un goût désagréable.

Il faut environ 1,600 grammes de glucose (pur) par degré à obtenir par hectolitre.

On peut aussi employer les raisins secs à la dose de 3 à 4 kilog. par degré.

L'addition de sucre peut être faite dès la mise en cuve ou lorsque la fermentation tumultueuse est terminée. Nous rappelons que cette addition retardera l'activité de la fermentation.

Si cette addition se fait au début, rien de plus facile que son exécution. Si c'est après la fermentation tumultueuse, le sucre peut être projeté sur le chapeau s'il est franc de goût, puis celui-ci est enfoncé dans le liquide. Ou bien on dissout le sucre dans du vin que l'on introduit par un tuyau au-dessous du chapeau.

VINAGE.

Le vinage ou addition d'alcool est pratiqué sur les vins pauvres en alcool pour élever leur titre, sur les vins riches en alcool, mais contenant encore du sucre et qui seraient sujets à fermenter longtemps et à tourner ; en les amenant à 15° on assure leur conservation.

Chez les vins pauvres en acides et de conservation difficile, dans le même but.

Chez les vins riches en acides, auquel cas l'alcool précipite une partie de ces acides et transforme une autre partie de ces acides en éthers auxquels les vins doivent leur bouquet.

Le vinage, lorsqu'il est fait à la cuve, a pour effet d'augmenter la coloration du vin : fait au tonneau, il n'a aucune action sur la couleur et peut même être nuisible sous ce rapport si le vin est pauvre en acides.

Le vinage à la cuve ralentit l'activité de la fermentation.

On voit qu'il n'est pas indifférent d'ajouter l'alcool à la cuve ou au tonneau. On ajoute aussi parfois l'alcool à la cuve lorsque la fermentation tumultueuse est terminée, et dans ce cas, il peut se charger de couleur, etc., et mieux s'assimiler au vin.

Cette opération très critiquée peut rendre de très grands services en remplaçant le mouillage et le plâtrage : notre législation ne la favorise pas, mais, par contre, elle autorise l'introduction des vins espagnols et italiens vinés avec des alcools allemands d'une salubrité suspecte et leur crée un sensible privilège sur les nôtres, sur notre propre marché. L'Algérie partage encore sur le marché français ce privilège avec les étrangers.

PLÂTRAGE.

Le plâtre a pour effet d'augmenter l'acidité du vin en décomposant le bitartrate de potasse et mettant de l'acide tartrique en liberté, cela accompagné de réactions nombreuses. Sous l'action de cet acide libre, le vin prend une couleur plus vive : sa conservation est ainsi facilitée.

Mais le sulfate de potasse qui se forme peut être préjudiciable à la santé et les vins fortement plâtrés sont nuisibles, altérants et de goût désagréable.

Le plâtre s'emploie à la dose de 1 à 3 kilogr. par 100 kilogr. de raisin, suivant leur acidité. Il est répandu en poudre fine sur le raisin lors du foulage.

A plus forte dose, le plâtrage peut être nuisible. — A très forte dose le plâtre absorbe l'eau du moût et par suite a pour effet de rendre le vin plus alcoolique : il va sans dire que, outre cela, ses effets nuisibles sont à leur maximum.

ADDITION DE SEL.

Le sel introduit dans le vin a sans doute pour effet l'introduction d'acide chlorhydrique ; la couleur est avivée, la conservation facilitée. — La proportion que l'on emploie est d'environ le 1/10 de celle du plâtre.

ADDITION DE CHAUX.

La chaux ou la poudre de marbre sont parfois employées contrairement au plâtre pour neutraliser l'acidité qui peut être en excès, si par exemple le raisin n'est pas arrivé à maturité.

On pourrait, au lieu de neutraliser l'acidité en excès par la chaux, abaisser la proportion d'acidité en ajoutant du sucre et de l'eau, et c'est ce qu'il y a de mieux à faire.

PRESSURAGE.

Le vin obtenu au décuvage est le vin de goutte ; le vin obtenu par le pressurage du marc est le vin de presse.

Le vin de presse est en général plus alcoolique, plus coloré, au total moins acide que le vin de goutte (St-Pierre et Foïx), plus riche en tannin, plus âpre et plus chargé que lui des germes de maladie et qui sont amenés en même temps que le ferment alcoolique par la pellicule et la râfle, ce que sa richesse en acides volatils indique (Duclaux).

Ainsi le vin de presse contient plus de germes de maladies, mais il contient aussi plus de tannin et d'alcool, éléments de conservation, plus de couleur, élément commercial important, et pour cette raison on a l'habitude de le mélanger au vin de goutte.

V

Conservations et vieillissement du vin.

Du sucre a, pour diverses raisons, échappé à la fermentation lors du cuvage, il fermente lentement dans la suite. Le tartre se dépose.

Les acides contenus dans le vin réagissent sur l'alcool et donnent naissance à des éthers qui, par leur odeur et leur saveur, constituent le bouquet du vin.

L'oxygène joue un grand rôle dans le vieillissement du vin, et si toutes les pratiques de vinification et de conservation du vin tendent à éviter à ce liquide un trop grand contact avec l'oxygène de l'air, ce qui s'explique par les risques d'acétification, il n'en est pas moins vrai, ainsi que l'a montré M. Pasteur, qu'elles ont aussi toutes pour effet de favoriser aussi bien chez le moût que chez le vin la dissolution de l'oxygène de l'air, jusqu'au moment, où l'action utile de ce gaz étant achevée, le vin est mis en bouteille et livré alors à la seule influence du temps.

Les pratiques usuelles qui permettent la conservation du vin sont l'ouillage, le soutirage, le collage et la filtration.

L'expérience a indiqué l'usage des récipients en bois pour la conservation du vin : or, précisément le bois permet par sa porosité l'action de l'oxygène de l'air.

Le chauffage, l'exposition au soleil, les voyages, accélèrent le vieillissement du vin.

OUILLAGE.

L'acétification et la maladie de la fleur qui se produisent au contact de l'air, imposent la nécessité de l'ouillage, opération qui consiste à combler le déficit que cause l'évaporation, par l'addition du vin, de façon à ce que le niveau du liquide atteigne toujours le sommet du foudre.

Dans les débuts la perte est grande par suite de la contraction du liquide, due à son refroidissement et par l'imbibition du bois ; plus tard elle est due à l'évaporation qui se fait au travers du bois.

L'ouillage se fait souvent par l'addition du vin de presse mis à part pour ce but dans des transports ou des bordelaises.

L'évaporation entraînant plus d'alcool que d'eau, on ouille parfois avec un vin plus riche en alcool, ou additionné d'alcool.

Lorsqu'on ne veut point ajouter de vin d'une autre qualité à celui à ouiller, et que l'on n'en a point de même nature en réserve, on peut ouiller à l'aide de cailloux ou de sable siliceux, préalablement lavés dans de l'acide sulfurique étendu d'eau pour faire disparaître toute trace de calcaire et lavés ensuite à l'eau pure.

On peut laisser les bordelaises non remplies en ayant soin de faire brûler une mèche soufrée dans le vide qui surmonte le vin, ou en recouvrant la surface du liquide d'une couche d'huile qui intercepte tout contact avec l'air.

Au décuvage, la futaille ne doit pas être bouchée pour permettre le dégagement d'acide carbonique résultant de la fermentation lente que subit le vin.

L'ouillage doit se faire tous les quinze jours ou tous les mois, toutes les semaines au début.

Les fûts pleins doivent être conservés bonde sur le côté, de même que les bouteilles doivent être tenues couchées.

SOUTIRAGES.

Le vin se dépouille dans le tonneau de diverses matières : le *tartre*, mélange de bitartrate de potasse et de matières colorantes, se dépose sur les parois. La *lie*, mélange de ferments (alcooliques et autres) et de tartre, se dépose dans le bas, en couche non pas horizontale, mais suivant la concavité du tonneau.

Le retour du printemps déterminera la mise en mouvement du ferment et le vin se troublera. Il importe donc de séparer les lies du vin, même si celui-ci n'est pas destiné à être expédié ; en outre, par cette opération on débarrasse le vin de nombreux germes de maladie et l'on provoque l'absorption d'oxygène, ce qui le vieillit.

Le soutirage s'impose donc pour plusieurs raisons.

On soutire parfois à l'entrée de l'hiver, toujours au retour du printemps (mars).

On procède parfois à plusieurs soutirages dans le but de vieillir le vin et de l'éclaircir parfaitement.

Le soutirage doit être opéré par un beau temps, alors la pression atmosphérique est élevée et l'acide carbonique en dissolution dans le vin a moins de tendance à se dégager, et par ce fait à faire troubler le liquide, qu'en cas contraire.

Le fût récepteur doit être soigneusement nettoyé, brossé et lavé ensuite à grande eau, puis méché au moment même où il va être rempli, de telle sorte que le vin qui y arrive déplace l'acide sulfureux pour pénétrer dans le foudre : on évitera ainsi l'éventement qui peut se produire si l'on ne prend pas ce soin.

Le soutirage se fait au robinet, au siphon ou à la pompe.

On peut soutirer, jusqu'à la moitié de sa hauteur, un foudre dans un autre, rien qu'en les faisant communiquer ;

le reste du travail est alors forcément fait à la pompe et l'on conçoit qu'en adoptant les tuyaux de la pompe au bas des deux foudres (à l'aide d'une ouverture spéciale située au-dessus du dépôt) au lieu de puiser et de reverser par le haut des foudres, on réalise une notable économie de travail.

Lorsque la fermentation ou cuvage n'a pu se faire d'une façon complète, que la fermentation lente est insuffisante et que le vin persiste à rester doux, on ne doit point se hâter pour le soutirer, et l'on doit même mêler la lie au vin, soit en agitant les petites futailles, soit, pour les foudres, en soutirant par en bas une partie que l'on reverse par en haut.

La lie étant surtout constituée par des ferments, on comprend facilement l'effet de cette manipulation.

<h3 style="text-align:center">COLLAGE ET FILTRAGE.</h3>

Les matières albuminoïdes employées au collage des vins (blanc d'œuf, sang de bœuf, colle de poisson, etc.) versées dans le vin, sont coagulées et se précipitent en réseau, entraînant au fond les matières solides qui se trouvent en suspension.

Le vin est ainsi clarifié par une sorte de filtration opérée au sein même du liquide.

Les blancs d'œuf sont employés à la dose de un ou deux par hectolitre, selon que le vin est plus ou moins trouble. Ils ne conviennent pas pour les vins blancs.

Le sang de bœuf frais, ou bien conservé, est employé à la dose de un à trois litres pour 10 hectolitres.

La colle de poisson, à la dose de sept à huit grammes par hectolitre.

Quel que soit le corps employé, on délaie dans de l'eau ou du vin, on ajoute parfois du sel et on verse ce liquide dans le vin ; on agite la partie supérieure à l'aide du fouet ou à la pompe, et on laisse reposer.

Le collage ne réussit pas si le vin est agité, soit par un mouvement extérieur, soit par un mouvement intérieur, tel qu'une fermentation lente.

Il faut, après le collage, une quinzaine de jours de repos avant de pouvoir opérer le soutirage.

Les vins troubles sont aussi clarifiés par le *filtrage*. Il existe nombre de filtres. Dans une petite exploitation, on peut facilement en faire un avec deux baquets et des manches en finette.

MALADIES DES VINS.

Les maladies du vin sont dues à des ferments qui ont été amenés par le raisin ou qui se sont trouvés dans la futaille. Dès que ces ferments se trouvent dans les conditions qui leur sont nécessaires comme alimentation et température, ils se mettent à fonctionner.

Maladie de l'aigre, de l'acescence, acétification, le vin se pique. — C'est la fermentation acétique, c'est-à-dire la transformation de l'alcool en acide acétique. Cette maladie ne peut se produire qu'au contact de l'air. Le ferment acétique forme un voile à la surface du vin.

Le vin devient du vinaigre : l'odeur et le goût ne laissent aucun doute sur son diagnostic.

Maladie de la fleur. — Cette maladie est due à un ferment se multipliant à la surface du vin sous forme de moisissure. Sous l'action de ce ferment, l'alcool est brûlé et transformé en eau et en acide carbonique.

Le vin ne prend aucun mauvais goût, mais il s'appauvrit. Cette maladie empêche l'acétification, le ferment qui la cause occupant la place qu'exige le ferment acétique à la surface du vin. Elle indique que les ouillages ne sont pas assez fréquents.

Les deux maladies qui précèdent sont des oxydations de l'alcool, elles exigent l'intervention de l'air.

Maladie de la tourne. — Le vin sous l'action d'un ferment spécial se trouble et prend une saveur fade due à la production de divers acides.

Cette maladie se produit au retour des chaleurs.

La graisse est caractérisée par la consistance sirupeuse que prennnent surtout les vins blancs légers.

L'amer est caractérisé par l'amertume que prend le vin, elle s'attaque surtout aux grands vins.

Le TRAITEMENT PRÉVENTIF *de toutes les maladies du vin* consiste à y empêcher le développement de tout organisme.

Il est bon que le vin soit presque achevé lors de la mise en tonneau, c'est-à-dire qu'il n'y reste point ou du moins que peu de sucre.

Si le vin est d'un degré alcoolique élevé, sa conservation est plus assurée ; elle le sera sûrement si par le vinage on l'amène à 15°.

Un vin riche en acidité est d'une conservation plus certaine. On peut obtenir cette acidité par un bon choix de cépages, en vendangeant un peu vert, en pratiquant le plâtrage, en favorisant par les pratiques indiquées la dissolution du tannin dans le vin.

Les collages, les filtrations et les soutirages ont pour effet de séparer le vin des impuretés qu'il renferme, et entre autres des ferments ; ils ne doivent donc point être négligés, les soutirages surtout.

La maladie de l'aigre étant la plus à redouter en Algérie, l'ouillage doit être fait sans négligence.

Enfin, et surtout, la propreté des vases vinaires est le point essentiel.

Le vin peut être préservé des maladies par le *chauffage*. Ce procédé consiste à porter le vin à une température de 50 à 60° dans toute la masse (Pasteur), soit en bouteilles au bain-marie, soit à l'aide d'appareils spéciaux construits à cet effet. Les ferments sont tués.

Le *soufrage ou mûtage au soufre* d'un vin consiste à y faire dissoudre de l'acide sulfureux.

Il suffit pour cela de faire brûler du soufre dans un vase quelconque et de conduire la vapeur produite à l'aide d'un tuyau dans un transport placé sur un de ses fonds. Le fond supérieur de ce transport est percé de trous, il reçoit le vin qui tombe ainsi au milieu de l'acide sulfureux produit par la combustion du soufre et s'écoule par un orifice pratiqué dans le fond inférieur.

On pratique encore le soufrage d'un vin ou d'un moût, en introduisant une petite quantité (50 litres) dans un tonneau fortement méché, puis agitant fortement le tonneau. Cela fait, on mèche de nouveau le tonneau, on ajoute une nouvelle quantité de vin et l'on recommence, en continuant ainsi jusqu'à ce que le tonneau soit plein de vin.

Le soufrage du vin est basé sur la propriété que possède l'acide sulfureux de s'opposer à la vie de tout ferment, alcoolique ou autre. On peut donc par son emploi arrêter ou empêcher momentanément la fermentation alcoolique, de même que toute fermentation nuisible. Le goût de soufre communiqué au vin est enlevé par plusieurs soutirages, mais la couleur est perdue.

Le TRAITEMENT CURATIF *de toutes les maladies du vin* consiste à tuer les ferments par une addition d'alcool, un collage au tannin, le chauffage ou le soufrage, ce que l'intensité du mal peut déterminer, et à détruire les principes formés qui sont généralement des acides, en les neutralisant par une base, la chaux ou plutôt la potasse, ou bien à en masquer le goût par des coupages bien entendus.

La *maladie de la fleur* est arrêtée en ouillant complètement : on peut pratiquer cet ouillage à l'aide d'un tuyau qui conduit le vin au sein du foudre et prolonger ce remplissage jusqu'à ce que la couche de la surface ait débordé en entraînant la fleur. Sans ouiller on peut recouvrir la surface du vin d'une couche d'huile.

L'*aigre* est combattu en introduisant dans le vin une solution de savon : la soude du savon détruit l'acidité produite, et l'acide gras vient surnager à la surface du liquide en le protégeant du contact de l'air.

Si le vin est fortement atteint, on sature l'acide acétique en versant dans le vin une dissolution de potasse ou de soude dans une proportion déterminée par un essai préalable ; on soufre ensuite le vin et on le remet en tonneau que l'on ouille avec soin.

La *tourne* est arrêtée par une addition d'acide tartrique à la dose de 1 gramme par litre. On complète ce traitement par une addition d'alcool. On l'arrête aussi parfois en versant le vin atteint sur le marc d'une cuvée qu'on vient de soutirer. Le soufrage ou le transvasement en tonneaux fortement méchés peut aussi s'employer.

La *graisse* est arrêtée par l'addition de tannin à la dose de 1 gramme par litre environ.

Nous classerons à côté des maladies divers petits défauts que peut présenter le vin.

L'*évent* est caractérisé par la production de matières noires en suspension dans le vin : le vin se trouble, perd son bouquet et prend même un goût particulier.

Ce défaut se produit lorsque le vin a été éventé, c'est-à-dire exposé à l'air : ainsi il se produit souvent chez les vins faibles à la suite d'un soutirage lorsque l'on a omis de faire brûler une mèche soufrée dans le foudre au moment même de le remplir. On conçoit qu'un méchage à ce moment a surtout pour effet de remplacer l'oxygène de l'air contenu dans le tonneau par de l'acide sulfureux.

Par ce repos, le vin s'éclaircit, mais il a perdu de la couleur et du tannin. Une addition du tannin est utile.

Le *goût de soufre* dans le vin provient soit du soufre qui a été brûlé dans la futaille, soit du soufre qui a été répandu tardivement sur le raisin. Dans le premier cas, c'est le goût de l'acide sulfureux qui prédomine, dans le second c'est celui de l'hydrogène sulfuré. Ces deux goûts disparaissent sous l'action de soutirages plus ou moins nombreux.

On peut aussi, pour enlever l'acide sulfureux dissous dans le vin, y projeter quelques morceaux de charbon de bois léger.

La *verdeur*, l'*âpreté*, le *goût de terroir* disparaissent par des soutirages ; s'ils sont forts, des collages aux albuminoïdes pourront également être pratiqués.

La *coloration louche* des vins peut être atténuée par une addition de tannin.

Divers *mauvais goûts* provenant du fût peuvent être enlevés par le transvasement dans des fûts sains et méchés, accompagné d'un battage avec un demi-litre d'huile d'olive par hectolitre, cela suivi d'un collage.

Le séjour du charbon de bois léger en morceaux pendant deux jours dans le vin suffit quelquefois.

VI

Des diverses sortes de vin.

VINS ROUGES.

Les vins rouges, que nous avons eus dans cette étude plus spécialement en vue, sont classés par le commerce en divers groupes dont les délimitations sont naturellement assez élastiques : les différences dans le degré alcoolique, la couleur, l'acidité et le bouquet, sont les nuances qui les séparent. C'est ainsi que l'on distingue les vins de chaudière, les vins de plaine, les demi-montagnes, les montagnes dans le Languedoc, les vins paysans, les vins bourgeois, les vins de crus dans le Bordelais, etc.

Ces différences proviennent du sol, de sa nature, de son exposition, des cépages cultivés, de l'âge des vignes, des soins apportés dans la fabrication du vin.

Les climats méridionaux ne se prêtent pas à la production des vins de haute qualité.

Les vins de haute qualité, les vins de crus, sont ceux qui donnent les plus forts bénéfices, lorsque leur réputation est faite.

Plus les produits sont délicats, plus la production est faible — la quantité et la qualité sont en opposition — et — mettant les vins de crus à part — les plus forts bénéfices se trouvent plus souvent avec la quantité qu'avec la qualité.

Cela ne veut pas dire que la qualité soit un élément négligeable. Si c'est un facteur d'une puissance moins grande que la quantité, il n'en est pas moins vrai que son rôle est effectif, et dans chaque circonstance ces deux éléments — quantité et qualité — doivent être réunis dans des proportions spéciales pour produire le maximum de bénéfices.

Il y a parfois avantage à faire des vins chez lesquels la quantité joue le grand rôle et rachète l'infériorité de prix, tandis qu'il n'y a que rarement avantage à faire des vins dont la qualité soit le seul élément de rendement. Le plus souvent l'avantage est dans la production de vins dans lesquels la qualité joue un rôle non point prépondérant, mais plus ou moins marquant à côté de la quantité.

Or, ce dernier cas paraît être le cas général en Algérie, et les résultats obtenus par nos vins dans les expositions et concours agricoles français et étrangers, la faveur dont ils commencent à jouir, surtout dans les pays uniquement consommateurs, la tendance des viticulteurs algériens, semblent prouver qu'en général l'avantage se trouve, en Algérie, dans la production de bons vins de consommation directe, de ce qu'on peut appeler des vins bourgeois, à moins toutefois que la nature du sol ne s'y oppose absolument, ce qui est rare.

Cette question, du genre de vin que l'on croit devoir produire, doit être tranchée avant la plantation, car le choix des cépages en dépend dans une certaine mesure.

Dans les plaines humides, la quantité est le seul élément à rechercher, si l'on croit devoir y planter de la vigne.

Dans les terres de fraîcheur moyenne, les plus répandues en Algérie, on peut, par un bon choix de cépages, unir la qualité à la quantité dans le rapport que l'on juge convenable.

Dans les terres sèches, et surtout dans les coteaux secs, la qualité prend le dessus.

Il est peu de fermes en Algérie dans lesquelles on ne trouve réunis ces trois genres de sols, et grâce aux nombreuses variétés de vignes que l'on a à sa disposition, on peut obtenir, dans presque tous les cas (si l'on n'est pas trop exigeant), tous les vins que l'on désire.

Toujours en nous gardant bien d'être trop absolus, nous

dirons que l'on obtient la *quantité* par l'aramon et que c'est surtout en sol frais et en plaine que l'on y arrive.

Le *corps* s'obtient par le mourvèdre, le carignan et le morastel.

La *couleur*, par le mourvèdre, le carignan et le morastel, unie à la quantité et souvent à la platitude par le petit-bouschet en plaine.

Certains sols et certaines régions sont particulièrement propres au développement de la couleur, sans que l'explication en soit facile à donner.

Le *bouquet* s'obtient par l'œillade, le cinsaut, l'aspiran.

On plante généralement des cépages blancs dans la proportion de 1/10 pour développer le bouquet, on choisit alors le picpoul, la clairette ou l'ugni blanc.

Une remarque générale, c'est que dans les grands crus le nombre des cépages n'est pas grand.

L'augmentation du phénomène de macération par les procédés exposés précédemment (immersion du chapeau, son foulage à la cuve, cuvage prolongé), augmente le corps et la couleur.

Le bouquet se développe par d'excellentes conditions de fermentation à basse température (bonne installation et réfrigération de la vendange), par le soutirage à la cuve, et une fois le vin fait, par de nombreux soutirages, par le chauffage des vins, par leur exposition au soleil en fût ou sous verre, leur conservation en cave fraîche, leur mise en bouteilles, les voyages, etc.

VINS BLANCS.

Les vins blancs sont obtenus soit par le cuvage pur et simple des raisins blancs, soit par le cuvage du moût de raisins rouges ou blancs séparé par la pression des pellicules et râfles.

En général, les raisins blancs eux-mêmes sont aussitôt pressés et l'on ne fait cuver que la partie liquide.

Le vin *fait en blanc* avec des raisins rouges est plus riche en alcool que le vin rouge de ces mêmes raisins : c'est ainsi que lorsqu'on fabrique des vins pour en extraire l'eau-de-vie, on a avantage à faire ces vins en blanc. C'est que dans les vins rouges, la râfle a absorbé de l'alcool, et qu'en outre, dans ces vins, la température s'est plus élevée durant la fermentation, sous l'action du chapeau, et que, par suite, l'évaporation de l'alcool a été plus grande.

On a généralement soin, dans la confection des vins blancs, de ne vendanger qu'à la rosée ou par un temps brumeux ; le vin se clarifie mieux.

VINS DOUX, VINS DE LIQUEUR, ROUGES ET BLANCS.

En vendangeant, lorsque le moût marque 15°, on a, au bout d'une fermentation plus ou moins longue, des vins secs.

Si l'on n'emploie que des raisins très sucrés, pesant 18 à 20° B., on obtient des vins doux, parce que la fermentation s'arrête avant que tout le sucre ne soit transformé.

On peut arriver à ce degré de concentration du moût par la vendange très-tardive, par la dessiccation des raisins à l'étuve ou au soleil, leur conservation pendant un certain temps sur de la paille, ou leur séjour sur la vigne même en tordant les pédoncules.

On emploie aussi l'addition de sucre ou la concentration d'une partie de moût par la chaleur.

On peut conserver au vin une partie de son sucre en arrêtant la fermentation au point voulu par un mûtage au soufre, suivi dans la saison fraîche de collages et de nombreux soufrages, pour éliminer les ferments.

On peut encore arrêter la fermentation, avant qu'elle ne soit terminée, par une addition d'alcool (mutage à l'alcool).

Suivant le procédé employé, on obtiendra des vins plus ou moins doux et en même temps plus ou moins alcooliques.

VINS MOUSSEUX.

Les vins mousseux sont des vins contenant de l'acide carbonique en dissolution : on les obtient en mettant le vin en bouteilles bien bouchées et ficelées, après une fermentation partielle.

Pour avoir la proportion d'acide carbonique convenable et que la résistance des bouteilles ne permet point de dépasser, il faut qu'au moment de la mise en bouteilles, le vin contienne environ 20 grammes de sucre par litre, et pas assez d'alcool pour que ce sucre ne puisse fermenter, c'est-à-dire moins de 10 à 12° degrés d'alcool.

VINS ROSÉS. — VINS PAILLETS. — VINS D'UNE NUIT.

Les vins rosés sont obtenus de raisins rouges que l'on ne laisse fermenter que peu de temps (une nuit par exemple) au contact de la pellicule. Ils sont ensuite soutirés et achèvent leur fermentation en tonneau.

La macération est ainsi très réduite : ces vins tiennent le milieu entre les vins blancs et les vins rouges. Ils sont très délicats et très-vite propres à la consommation.

VINS MUSCATS.

Les vins muscats sont obtenus par la fermentation du moût de raisins muscats. Ils doivent être doux pour être agréables, aussi vendange-t-on lorsque le moût pèse de 16 à 20° et même plus. Comme tous les vins blancs, ils sont aussitôt pressés et le moût est mis en tonneau.

Une fermentation trop vive leur ferait perdre leur parfum spécial.

Dès le début on les mûte légèrement au soufre ou à l'alcool, parfois aux deux.

Au bout de 8 à 15 jours, la première fermentation s'étant effectuée, on soutire. On procède ensuite, au bout d'un mois, à un nouveau soutirage, et un mois après à un collage à la gélatine suivi d'un autre soutirage. Le vin est alors fait et peut se conserver.

VII

Déchets du vin.

Le *tartre* qui se dépose sur les tonneaux est vendu : on l'épure ou on en extrait l'acide tartrique.

Les *lies* sont filtrées : ou en retire du vin de lie et du sablon dont on extrait la crème de tartre par le lavage.

Le *marc* est employé à la confection de la piquette en ne le pressant point ou très peu et ajoutant du sucre.

Il est aussi distillé à l'alambic et on obtient l'eau-de-vie de marc. Il doit, s'il est conservé, être fortement tassé pour éviter l'acétification.

En distillant les piquettes, on obtient des eaux-de-vie supérieures à l'eau-de-vie de marc.

On peut faire aigrir le marc en l'aérant, puis on l'humecte d'eau et l'on presse ; on obtient ainsi du vinaigre. En faisant aigrir le marc au contact de feuilles de cuivre, on obtient du sous-acétate de cuivre (vert-de-gris).

On donne le marc en nourriture aux bestiaux, accompagné

bien entendu d'autres aliments. Le marc non distillé est excitant, il ne convient point aux moutons, qui profitent au contraire très bien du marc distillé. (Pourquier : Le marc de raisin et son emploi.)

Les pépins constituent une excellente nourriture pour la volaille.

VIII

Analyse du vin.

Il est, croyons-nous, nécessaire que tout viticulteur puisse se rendre compte de la signification des chiffres donnés par l'analyse des principaux éléments constitutifs d'un vin, analyse suffisante pour lui permettre de tirer de nombreuses conclusions pratiques et d'apporter diverses modifications dans la proportion de ses cépages et dans ses méthodes de vinification.

Alcool. — La détermination de la proportion d'alcool se fait en distillant un volume déterminé de vin jusqu'à ce que la moitié ait passé. A ce moment, tout l'alcool a distillé, mais en même temps une partie de l'eau. On ramène le volume de ce mélange au volume de vin distillé, et l'on a un mélange d'alcool et d'eau comparable au vin, mais dans lequel l'alcool seul intervient pour agir sur la densité ; en y plongeant un alcoomètre de Guy-Lussac et en tenant compte de la température à l'aide de tables dressées à cet effet, on obtient le titre alcoolique du vin, c'est-à-dire la porportion d'alcool contenue pour un vin en volume.

La boîte Salleron pour l'essai alcoométrique du vin contient tous les instruments nécessaires à cet essai que tout le monde peut faire.

Il faut avoir soin, avant d'opérer la lecture de l'alcoomètre et du thermomètre, d'attendre que ces instruments ne varient plus.

Les *ébullioscopes* ou *ébulliomètres* sont basés sur ce fait, qu'un liquide alcoolique bout à une température d'autant moins élevée que la proportion d'alcool qu'il contient est plus grande.

Les *vinomètres* et *liquomètres* sont des tubes capillaires dans lesquels le vin s'élève d'autant moins qu'il contient plus d'alcool.

L'*extrait* est la proportion de matières solides et non volatiles contenues dans le vin. L'extrait comprend le sucre, la glycérine, les acides non volatils, les matières minérales, les matières colorantes.

Cet extrait peut être de 15 à 20 gr. par litre. Le sucre peut en élever considérablement la proportion.

Les *cendres* sont uniquement les matières minérales, potasse, chaux, etc., que le vin contient. La plus grande partie de ces corps se trouve dans les cendres sous forme de carbonates.

La proportion de cendres par litre varie autour de 2 ou 3 grammes.

L'*acidité* peut être définie la force acide du vin, elle est généralement comparée à l'acide sulfurique.

Dire que l'acidité ou titre acide d'un vin en acide sulfurique (SO^3 HO ou SO^4 H) est de 4 grammes par litre, cela signifie qu'il a les mêmes propriétés acides (dues à des acides libres ou à la portion des acides qui n'est point saturée) qu'un litre d'eau acidulée contenant 4 grammes d'acide sulfurique par litre. Il faudrait verser dans cette eau la même quantité d'une base (potasse, soude, chaux, par exemple) pour lui enlever son acidité, que ce qu'il faudrait en ajouter au vin pour le rendre aussi dépourvu de son acidité.

On fixe ainsi en chiffres, ce que le palais ne peut nous indiquer qu'avec peu de précision.

L'acidité est de 4 à 6 grammes en moyenne, elle diminue considérablement à mesure que le vin vieillit.

Le *tannin* fait partie de cette acidité : en raison de son importance, on se livre parfois à son dosage spécial qui est exprimé en grammes.

Sa portion est parfois moindre de un demi-gramme par litre, parfois elle dépasse un gramme et demi.

La *couleur* d'un vin peut être appréciée en la rapportant au ton qui lui correspond dans la gamme des couleurs donnée par Chevreul, à l'aide du *vino-colorimètre Salleron*.

IX

Soins de la futaille.

La futaille doit être l'objet de tous les soins du vigneron : le problème de la bonne fabrication du vin et de sa conservation est en grande partie dans cette question.

Or, l'opinion unanime des connaisseurs distingués qui se sont occupés de nos vins peut se résumer ainsi : les vins algériens n'ont, en général, qu'un défaut, c'est qu'ils ont presque tous un goût de fût ou de bouchon ou d'autres goûts communiqués par la futaille : ils ont par eux-mêmes toutes les qualités de conservation désirables, mais malheureusement la futaille vient souvent en opposition avec ces éléments.

Pour avoir sa futaille en état, il faut un peu de propreté, de l'eau, du soufre et une pratique raisonnée.

La futaille neuve peut se conserver ainsi indéfiniment ; il suffit de l'ébouillanter avant de s'en servir : si l'on ajoute du sel à cette eau bouillante, ce n'est que mieux.

Une futaille ayant servi à contenir soit du vin, soit d'autres liquides peut avoir mauvais goût, ou être moisie intérieurement : on lave dans ce cas l'intérieur du foudre avec de l'acide sulfurique étendu d'environ dix fois son volume d'eau, puis au bout de douze heures environ, on lave à l'eau claire jusqu'à ce que l'eau de lavage n'ait plus de goût acide.

Si la futaille est aigre, ce qui né doit jamais arriver, on la lave à l'eau chaude contenant en dissolution du carbonate de soude (100 à 200 grammes pour 10 litres d'eau), puis à l'eau claire.

En cas de *dessication* du foudre, on l'asperge d'eau chaude et l'on mèche. Si la dessicatiou est grande, on étuve à la vapeur, soit à l'aide d'une chaudière quelconque, soit plus simplement en mettant dans le foudre un plat de chaux vive que l'on éteint alors avec de l'eau : on serre graduellement les cercles ; le foudre est ensuite bien lavé et méché.

Les fuites qui peuvent se reconnaître en étuvant le foudre, sont bouchées soit avec du suif, soit avec un mastic fait avec de la chaux ou du sang de bœuf.

Pour éviter tout mauvais goût de se développer, il faut se persuader de ceci, c'est que les mauvais goûts que peut prendre la futaille (si elle ne contient autre chose que du vin) sont dus à des champignons comme ceux qui causent les maladies de la vigne et du vin : mais là, les tenant dans un local limité, où l'on peut opérer à son aise, il est facile d'en devenir maître et, sans attendre qu'ils se soient développés, il faut leur couper les vivres. Le principal de ces vivres, c'est l'oxygène de l'air : enlevons-le, en le remplaçant par un corps qui leur est nuisible, l'acide sulfureux.

Une futaille qui ne contient point de vin ne doit contenir de l'eau que lorsqu'on la lave ; et, entre-temps, elle doit contenir de l'acide sulfureux.

Lorsque l'on vide une futaille, il faut la balayer et y brûler du soufre, en l'introduisant par la porte d'en bas, tout enflammé, sur une tuile creuse, puis fermer toutes les ouvertures.

Un méchage identique tous les mois est nécessaire. — En été, on doit, en outre, tous les deux mois, asperger l'intérieur de vin avant de mécher.

Avant de s'en servir, il faut la nettoyer avec soin, c'est-à-dire : 1° la balayer ; 2° la brosser à l'eau ; 3° la laver à grande eau pour enlever toutes les impuretés puis la mécher au moment de la remplir.

FIN DE LA DEUXIÈME PARTIE.

TABLE DES MATIÈRES

PREMIÈRE PARTIE

VITICULTURE

	Pages.
Des cépages	5
Cépages pour production de vin rouge à recommander en Algérie	6
Cépages à vin blanc	15
Cépages pour les raisins secs	17
Raisins pour l'eau-de-vie	17
Cépages pour les raisins de table primeurs	17
Des cépages à préférer en Algérie	18
Conditions favorables à la plantation d'un vignoble	19
Préparation et défoncement du sol	21
Choix des boutures ou sarments	24
Conservation des boutures	26
Décortiquage	27
Plantation des boutures	27
Boutures enracinées	28
Longueur des boutures	29
Plantation de la vigne en carrés, quinconces ou en lignes	30
Orientation	34
Des soins à donner à la jeune vigne	35
Culture des jeunes vignes	36
De la taille à donner à la jeune vigne	38
Fumure de la vigne	39
Consommation de la vigne en engrais	40
Engrais et amendements de la vigne	42
Engrais chimiques convenant à la vigne	43
Epoque à laquelle doivent être appliquées les fumures	44
Taille de la vigne	45
Production des rameaux fructifères	47
Forme à donner à la souche	52
Hauteur à donner à la souche	55
Epoque de la taille	56
Déchaussement	57

Pages.

Labours de la vigne.. 57
Travaux d'été dans la vigne... 59
Maladies de la vigne.. 61
Gelées.. 61
La Grêle 65
Coulure 66
Echaudage 69
Pourriture des raisins.. 69
Maladies produites par les parasites végétaux........................ 70
Oïdium.. 70
Du soufrage... 72
Analyse des soufres au moyen du tube de Chancel....................... 76
Anthracnose, charbon ou noir.. 79
Mildew ou Peronospora... 82
Maladies diverses et accidents de la vigne............................ 86
Parasites animaux... 89
Phylloxéra vastatrix.. 95
   Effets de la piqûre du phylloxéra sur la vigne. Symptô-
    mes et caractères de la maladie................................... 99
   Origine, cause et extension du fléau.............................. 100
   Diffusion du fléau.. 101
   Traitement des vignes phylloxérées................................ 101
   Toxiques 102
   Mesures de précaution... 103
Loi sur les mesures à prendre contre l'invasion et la propa-
   gation du phylloxéra en Algérie................................... 106

DEUXIÈME PARTIE

VINIFICATION

I. Du RAISIN ET DE LA VENDANGE :
   Raisin.. 109
   Vendange 112
II. TRANSFORMATION DU MOUT DU VIN :
   Fermentation.. 113
III. Du CUVAGE... 121
   Fermentation.. 122
   Macération 125
   Rapports en poids et volumes entre la vendange et
    le vin 126
   Acide carbonique produit pendant la fermentation. 127

Pages.

IV. Des diverses pratiques de la vinification :
Foulage... 128
Egrappage 129
Durée du cuvage... 131
Foulage à la cuve... 132
Soutirage à la cuve....................................... 133
Mouillage à la cuve....................................... 134
Sucrage... 136
Vinage.. 137
Platrage.. 138
Addition de sel... 139
Addition de chaux... 139
Pressurage.. 139

V. Conservation et vieillissement du vin 140
Ouillage.. 141
Soutirages.. 142
Collage et filtrage....................................... 143
Maladie des vins.. 144

VI. Des diverses sortes de vin :
Vins rouges... 149
Vins blancs... 151
Vins doux, vins de liqueur, rouges et blancs...... 152
Vins mousseux... 153
Vins rosés. — Vins paillets. — Vins d'une nuit... 153
Vins muscats.. 153

VII. Déchets du vin 154

VIII. Analyse du vin................................ 155

XI. Soins de la futaille 157

Annonces.

Alger. — Imprimerie de l'Association ouvrière, P. Fontana et Cie.

MODÈLES EXCLUSIFS de la Maison GRANGE Jeune
17 et 19, rue Michel-Lecomte. — PARIS

Maison à THIERS
(Puy-de-Dôme)

Maison à NOGENT
(Haute-Marne)

CUEILLE-FLEURS pour cueillir les fleurs et les fruits sans risque de se piquer ou salir les doigts.

Vitesse.
COUTEAU s'ouvrant et se fermant d'une seule main.

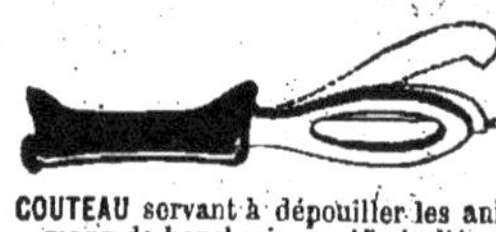

COUTEAU servant à dépouiller les animaux de boucherie. — 45 °/₀ d'économie. — *Avec ce couteau, plus de peaux percées.*

SPÉCIALITÉ DE SÉCATEURS ALGÉRIENS

Greffoirs, Serpettes, Cisailles à haie et à gazon, Scies à main Jardinière, et tous objets se rapportant à l'horticulture, et principalement

POUR LA CULTURE DE LA VIGNE

VEILLEUSES FRANÇAISES

FABRIQUE A LA GARE

DÉPOT: 24, RUE SAINT-MERRY, PARIS

MAISON JEUNET
fondée en 1838.

JEUNET FILS

Successeur de
son père

Se défier

des

contrefaçons

Toutes nos boîtes

portent

en timbre sec

JEUNET

INVENTEUR

Demander nos VEILLEUSES dans tous les magasins d'épicerie et autres qui tiennent l'article VEILLEUSES.

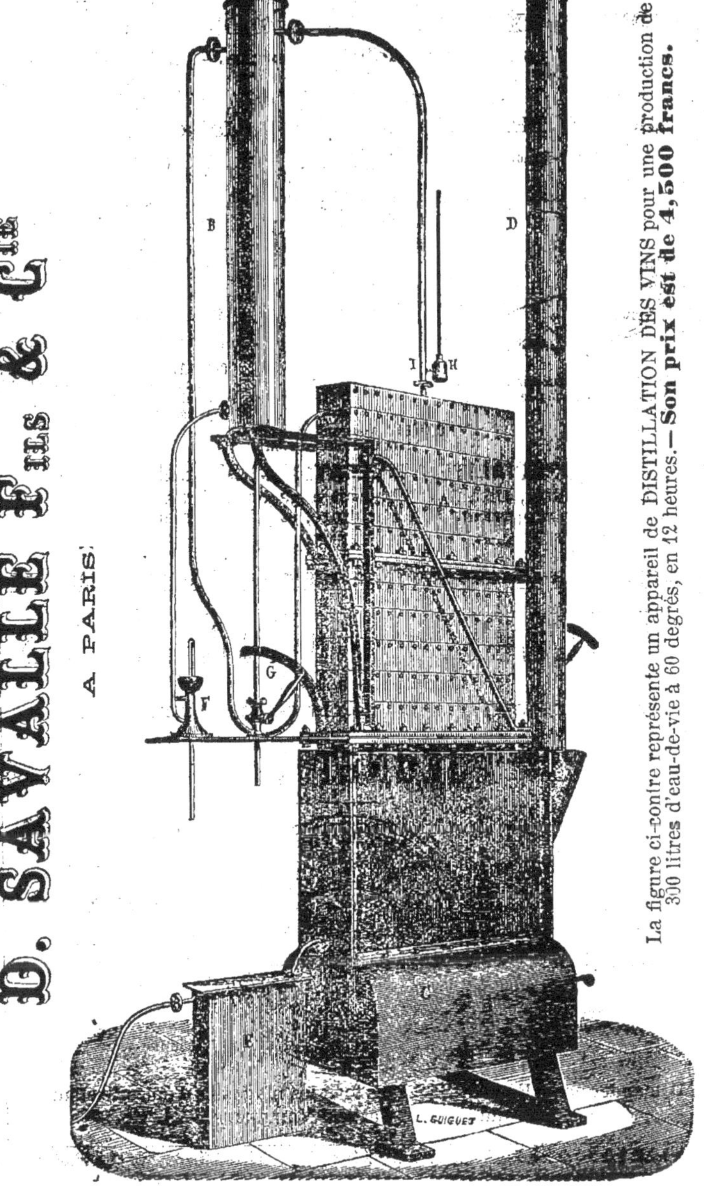

La figure ci-contre représente un appareil de DISTILLATION DES VINS pour une production de 300 litres d'eau-de-vie à 60 degrés, en 12 heures. — **Son prix est de 4,500 francs.**

GRAND DÉPOT DE PIÈGES EN TOUS GENRES

PIÈGES À ENGRENAGES	PIÈGES À PALETTE
Pour rats et belettes............ 7 fr.	Pour rats et belettes.... 1 fr. 75 et 2 fr. 50
Pour fouines, putois, chats 15	Pour fouines, putois, chats .... 6 et 8
Pour renards, chacals ..... 25 et 30	Pour renards, chacals. 14 et 17
Pour loups, hyènes, etc..... 38 et 45	Pour loups, hyènes, etc. 21 et 28

GRANDS PIÈGES À PALETTE POUR SANGLIERS, ETC., A 34, 40, 46, 55 fr.

AVIS. — Envoyer d'avance par mandat de poste le montant de la commande.

Le tarif détaillé est envoyé **franco** *aux personnes qui le demandent.*

Ancienne Maison CHAMPION & OLLAGNIER

J. OLLAGNIER Successeur

BREVETÉ S. G. D. G.

A TOURS (Indre-et-Loire)

CONSTRUCTION SPÉCIALE

DE

PRESSOIRS MÉCANIQUES

Système à parallélogramme universel
supprimant
LA FLEXION DE LA VIS

MACHINES

A SOUDER, REFOULER ET CINTRER LE FER

Sur demande, envoi franco du Catalogue illustré.

PRESSOIRS A VIN

Système d Leviers multiples différentiels

**LE PLUS PERFECTIONNÉ
& LE PLUS PUISSANT**

Les vis et appareils seuls non montés sont livrés, sur demande, aux acheteurs qui construisent eux-mêmes la charpente des pressoirs.

PRIX TRÈS AVANTAGEUX

Matériel vinicole complet

18 MODÈLES
formant une série variant des plus petites aux plus grandes dimensions.

On demande des Représentants

Envoi de prospectus et tarifs sur demande

21,000 INSTRUMENTS VENDUS AVEC GARANTIE.

Presses à huile. — Vis et appareils pour pressoirs. — Presses diverses pour tous usages. — Fouloirs à vendanges. — Casse-pommes pour cidre, etc., etc.

M^{on} MEUNIER-TILLARD, 35, 37, 39, rue Neuve St-Michel, LYON (Guillotière)

V^{VE} PIC H^{TE}

PARIS, Boulevard de Bercy, 9 et 11, et rue de Bercy, 131, PARIS.

POMPES ROTATIVES

SPÉCIALITÉ D'ARTICLES DE CAVES

DÉPOT DE POUDRES A COLLER
de toutes sortes
BLANCS D'ŒUFS NATURE

Fabrique de Bondes et Faussets

CIRE A CACHETER
LES BOUTEILLES

Taillanderie, Boissellerie,
etc., etc.

PAILLONS
POUR BOUTEILLES ET LITRES

CERCEAUX ET OSIER. — (Gros et Détail)

Expédition en Province et à l'Etranger

ENVOI DU CATALOGUE SUR DEMANDE

APERT-MANDART

A REIMS (Marne)

SPÉCIALITÉ DE PRESSOIRS A VIN

PRESSOIRS DE TOUTES FORCES

FIXES ET SUR ROUES

Nos Pressoirs sont **très solides, simples** et **rapides**, et donnent sans effort une **pression sans égale.**

FOULOIRS A VENDANGES. — POMPES A VIN

Représentant : **J. HERMAN**, à Mustapha-Alger.

NOUVELLES CHARRUES DÉFONCEUSES « LANZ »

EN FER ET ACIER ET A POINTE MOBILE

Hors ligne pour la perfection du travail, la légèreté de traction et le bon marché.

N° 1 pour défoncements de 30 à 50 centimètres avec 3 paires.
N° 2 — 20 à 37 — 2 —

1er PRIX. Médaille d'Or (sur 11 concurrents) au Concours régional de Rouen, 1884

HENRI LANZ

13, rue Pierre-Levée, PARIS.

AGENCE AGRICOLE & VITICOLE

VERMOREL

CONSTRUCTEUR A VILLEFRANCHE
(RHÔNE)

203 MÉDAILLES

Or, Argent, etc.

DÉCORATION

DU MÉRITE AGRICOLE

Vente à la garantie.

CONSTRUCTION SPÉCIALE DE

PRESSOIRS A VIN à Levier multiple perfectionné

Série de 15 modèles.

PRESSOIRS DE TOUTES FORCES, BOIS ET FER

VENTE D'APPAREILS s'adaptant à tous les MODÈLES de PRESSOIRS

FOULOIRS ET ÉGRAPPOIRS

SPÉCIALITÉ DE CHARRUES VIGNERONNES & HOUES

Charrues défonceuses pour la Vigne

FABRIQUE SPÉCIALE D'INSTRUMENTS

Pour l'emploi du SULFURE DE CARBONE

PALS ET POMPES PULVÉRISATEURS

Pour la destruction de l'Altise et du Mildiou.

Envoi, sur demande, du Catalogue-complet.

INSECTICIDE GALZY

DESTRUCTION INFAILLIBLE

Des Punaisce, Puces, Poux, Mouches, Cousins, Cafards, Mites,
Fourmis, Chenilles, Charançons, etc.

Le kilog., 12 fr. ; 100 gr., par la poste, 1 fr. 95

E. GALZY

FABRICANT

71, COURS D'HERBOUVILLE, 71, A LYON

POMPES CENTRIFUGES

L. NEUT & CIE

PARIS, 66, rue Claude-Vellefaux. — LILLE, 69, rue de Wazemmes

POMPES

Dont le débit varie depuis 2 litres jusqu'à 2,500 lit. par seconde

INSTALLATIONS COMPLÈTES

POUR SUBMERSIONS DE VIGNES

COMMISSION — EXPORTATION

Envoi *franco* du Catalogue.

PRESSOIR UNIVERSEL

420 Médailles or et argent à toutes les Expositions, 12 Diplômes d'honneur.

PRESSES ET MOULINS A OLIVE, FOULOIR, ÉGRAPPOIR

MABILLE Frères ✳, Constructeurs à AMBOISE (Indre-et-Loire)

54,000 PRESSOIRS VENDUS A GARANTIE

Le Pressoir Universel est reconnu comme le plus simple, le plus puissant, le plus solide, le plus rapide, le plus facile à manœuvrer, celui qui tient le moins de place, qui coûte le moins cher et qui est le moins susceptible d'accidents de tous les pressoirs connus jusqu'à ce jour.

Représentés par M. Julien BILLIARD, Mustapha-Alger, agent général pour l'Algérie.

CONSTRUCTION D'INSTRUMENTS DE PESAGE

MATÉRIEL DE CHEMINS DE FER, WAGONNETS, PLAQUES TOURNANTES, BROUETTES EN FER, ETC., ETC.

80 MÉDAILLES	BREVETÉ S. G. D. G.	80 MÉDAILLES
Diplômes d'Honneur		Diplômes d'Honneur
—	**LÉONARD PAUPIER**	—
VIENNE 1878	**84, RUE SAINT-MAUR, PARIS**	PHILADELPHIE 1876
2 Médailles Progrès	*Exposition universelle 1878*	Première Médaille
Diplômes d'Honneur	Chevalier de la Légion d'honneur et 4 Médailles or et argent.	Diplômes d'Honneur
—	Successeur de H. CORBIN pour le PORTEUR UNIVERSEL	—

MELBOURNE 1881, 2 PREMIERS PRIX

PONT A BASCULE VINICOLE, nouveau système, à cuve métallique, se plaçant à fleur du sol pour faciliter le passage des tonneaux dessus, dans n'importe quel sens.

Ce pont se fait aussi à romaine double, évitant le recours d'aucun poids, et également avec densi-volumètre pour le pesage du liquide par le liquide, ainsi qu'avec la romaine.

BASCULE spéciale pour le pesage des fûts se plaçant à fleur du sol avec ou sans poulain et rails sur le tablier pour guider les fûts.

Bascule densi-volumétrique pour le pesage du liquide par le liquide.

NOUVEL ALAMBIC BRULEUR

BREVETÉ S. G. D. G.   SYSTÈME DEROY

Donnant de l'Eau-de-Vie rectifiée en une seule opération, sans qu'il soit nécessaire de faire de repasse

DEROY FILS AÎNÉ, Constructeur

39, RUE ROUELLE (GRENELLE), **PARIS**

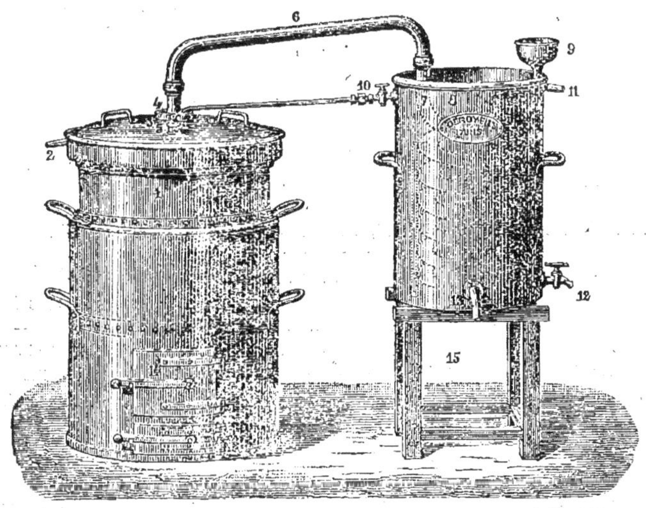

Cet appareil, d'une simplicité remarquable, s'emploie pour distiller les Vins, les Cidres, les Poirés, les Piquettes, les Marcs de raisin, de Pommes, de Poires, de Fruits divers, les lies et les moûts de toute nature, les Eaux de cire, ainsi que les Fleurs, Graines et Plantes aromatiques; il est de beaucoup supérieur aux Alambics ordinaires en ce qu'il produit sans repasse et au degré voulu, de l'**Eau-de-Vie rectifiée, d'une qualité plus fine et avec une économie considérable de temps, d'eau et de combustible.**

Le chapiteau rectificateur se place comme un simple couvercle et s'emboîte librement dans la gouttière ou rebord supérieur de la chaudière. L'eau de trop plein du réfrigérant, se déversant au centre du chapiteau, s'écoule dans la gouttière et y forme un joint hydraulique parfaitement hermétique. La chaudière, dont la forme intérieure est cylindrique, convient à tous les usages domestiques et industriels d'une ferme, d'un vignoble ou d'une propriété, tels que la cuisson des aliments pour les bestiaux, le chauffage du lait, la préparation des fromages, le coulage de la lessive, la fonte des cires, la fabrication des cristaux de tartre, etc., etc.

FONCTIONNEMENT GARANTI

Envoi franco du Catalogue général illustré.

CONSTRUCTION D'INSTRUMENTS ARATOIRES

ATELIERS DE LIANCOURT (Oise)

A. BAJAC

INGÉNIEUR-CONSTRUCTEUR, Breveté S. G. D. G.

1er PRIX : MÉDAILLE D'OR, EXPOSITION UNIVERSELLE DE 1878

CHARRUES de tous systèmes. — **BRABANTS** doubles et simples, de toutes les forces. — **FAUCHEUSES-DÉCHAUMEUSES.** — **CHARRUES POLYSOCS.** — **EXTIRPATEURS.** — **BINEUSES.** — **ROULEAUX**, etc., etc.

INSTRUMENTS VENDUS EN TOUTE GARANTIE

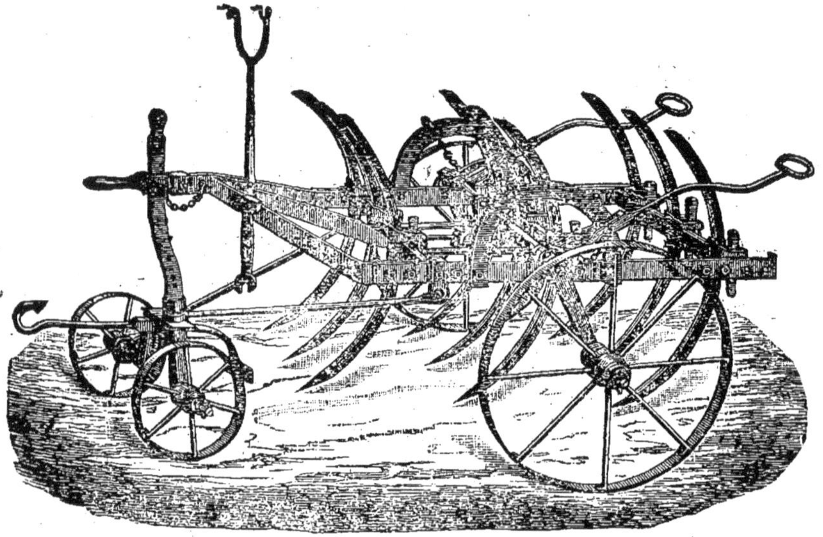

SCARIFICATEUR NOUVEAU MODÈLE

CONSTRUIT TOUT EN ACIER

Breveté S. G. D. G., en France, en Angleterre et en Allemagne

LE SEUL INSTRUMENT NOUVEAU DE CULTURE PRODUIT A L'EXPOSITION DU PALAIS-DE-L'INDUSTRIE, EN 1886

Dénommé l'INUSABLE par les Agriculteurs

Instruments Vinicoles et Viticoles

ARTICLES DE CAVES ET DE CHAIS

Charrues défonceuses,
Araires dits Fourcats, à un et deux chevaux,
Charrues sulfureuses.
Houes, Bêchards, Sécateurs, Soufreuses et
Soufflets à vignes,
Sceaux, paniers, corbeilles, comportes à vendange.

BASCULES à peser les fûts

Pressoirs à bielles articulées,
Pressoirs à solette hydrauliques, Fouloirs à vendanges,
Pompes à vin et pour puits,
Alambics à distiller les marcs,
Filtres perfectionnés à vin,
Chaudières à étuver les futailles.

Treillages en bois et Grillages en fil de fer étamé. — Outillage pour Tonneliers.

Léon CAILLAT & POIRSON

RUE DE CONSTANTINE, 12, ALGER

Fers marchands et pour constructions, Quincaillerie, Articles de bâtiments

FAUX, FOURCHES, FAUCILLES, CORDAGES, MÉTAUX

AU BON JARDINIER ALGÉRIEN

H. CLÉMENT & Cie

MARCHANDS GRAINIERS

ALGER — 4, Rue HENRI-MARTIN, 4 — ALGER

GRAINES

POTAGÈRES

GRAINES

FOURRAGÈRES

ET

DE FLEURS

Envoi FRANCO et GRATIS du Catalogue illustré.

JULIEN BILLIARD

MUSTAPHA-ALGER, RUE BAUDIN, 9

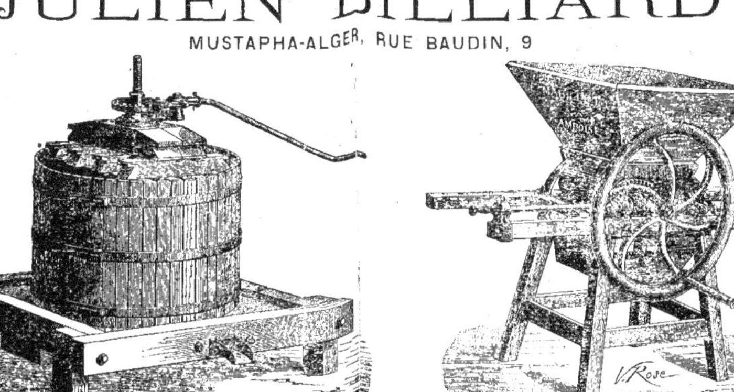

INSTRUMENTS AGRICOLES
de toutes natures

APPAREILS VINAIRES

DÉFONCEMENTS A VAPEUR

SUCCURSALE A ORAN
Boulevard National

PAULIN BRISSONNET

BUREAUX : QUAI, VOUTE 65, *en face les Messageries Maritimes*

ACHATS, VENTES A LA COMMISSION

ENTREPOT DE SOUFRE DE SICILE

Sublimé, trituré, première belle, dit FLORISTELLA

SOUFRE D'APT

SACS NEUFS DEPUIS 52 CENTIMES

A Vendre à Guyotville

BELLE PROPRIÉTÉ

DE 40 HECTARES ENVIRON

Dont près de la moitié complantée en **VIGNES**

MAISON, MATÉRIEL, BONNE CAVE, PUITS, NORIAS

Facilités de paiement. — S'adresser à M. BASSET, à Guyotville.

MATÉRIAUX DE CONSTRUCTION

F. CLAIRIN

QUAI Nᵒˢ 81, 91, PRÈS DE LA GARE

Succursale, rue du Hamma, 7, ALGER

OFFICE DU GÉNIE AGRICOLE & VITICOLE

BREVETÉ S. G. D. G.

INGÉNIEUR-CONSTRUCTEUR, ARCHITECTE, EXPERT-ARCHITECTE, ANCIEN AGRICULTEUR
ET VITICULTEUR, LAURÉAT ET MEMBRE DE PLUSIEURS SOCIÉTÉS SAVANTES

2 DIPLOMES, 75 MÉDAILLES OR, ARGENT ET BRONZE

Plans, Devis et Projets spéciaux d'Exploitation rurale

ÉTUDE ET ORGANISATION DE VIGNOBLES

Nouveau système de cave et chai à température basse et constante
POUR LES PAYS CHAUDS

AMPHORES MODERNES

Pour la vinification et la conservation du Vin dans les pays chauds

---

RUE MICHELET, AGHA-MUSTAPHA

USINE A VAPEUR

ANCIENNE MAISON GAY FRÈRES

X. GAY & GASQ

SUCCESSEURS

FABRICANTS FOUDRIERS

A

SAINT-EUGÈNE

PRÈS ALGER

FOUDRES ET CUVES

DE

Bois de Chêne, de Russie, Trieste et Bourgogne

Pour remplir en temps opportun les nombreuses commandes qui lui sont faites, la Maison X. GAY ET GASQ vient d'apporter de grandes modifications dans son outillage à vapeur qui lui permet de mettre en œuvre des bois secs, d'assurer un travail régulier, perfectionné et accéléré.

La Maison produisant continuellement, vu son installation à vapeur,

DES FOUDRES DE TOUTES DIMENSIONS

elle peut les livrer à bref délai et à des prix défiant toute concurrence

IMPORTATION DIRECTE DES SOUFRES DE SICILE

Soufre sublimé, Soufre trituré, Soufre brut trituré

LEGOUT & PEYRON

SEULS CONCESSIONNAIRES POUR L'ALGÉRIE

DES MINERAIS DE SOUFRE TRITURÉS

de la Compagnie anonyme des Tapets à APT (Vaucluse)

Seul soufre d'Apt récompensé au concours régional de Marseille 1886

SULFATE DE CUIVRE, SULFATE DE FER

et tous les produits chimiques employés pour le traitement de la vigne et des vins.

ENGRAIS CHIMIQUES DE LA MAISON THOMAS Frères D'AVIGNON

B.-F. JURAMY Frères

ALGER — 33, Rue Bab-el-Oued, 33 — ALGER

DÉPOT GÉNÉRAL DU VÉRITABLE

MINERAI DE SOUFRE TRITURÉ D'APT

Exiger le plomb et la marque Auguste ROUX sur chaque balle

Soufre extra sublimé (ou fleur de soufre)
Soufre trituré raffiné.
Soufre sulfatisé, supérieur à tous les soufres.

Sulfates de fer et de cuivre.
Engrais chimiques pour toutes les cultures, de la maison CAMOIN et PEYTRAL, de Marseille.

VENTE EN GROS, DEMI-GROS ET DÉTAIL

DROGUERIE EN TOUS GENRES

DENRÉES COLONIALES

ÉPICERIE ET COMESTIBLES

Messieurs les Propriétaires trouveront dans nos magasins tous les produits nécessaires à leur consommation aux meilleures conditions de qualité et de bon marché.

ACHATS DE GRAINES DE LIN

Commission, Consignation

L'ALGÉRIE

Société d'Assurances mutuelles contre la GRÊLE

A COTISATIONS FIXES

PENDANT TOUTE LA DURÉE DE LA POLICE

SIÈGE SOCIAL : ALGER, RUE ROVIGO, 1

DIRECTEUR GÉNÉRAL FONDATEUR : FRÉDÉRIC PICOT

TUYAUX EN FONTE

SYSTÈME PETIT BREVETÉ S. G. D. G.

ÉCONOMIE, SOLIDITÉ, JOINTS PERFECTIONNÉS

POSE RAPIDE ET FACILE SANS LE SECOURS D'AUCUN INSTRUMENT SPÉCIAL

A. PATURAUD

ENTREPRENEUR DE TRAVAUX PUBLICS ET DE CANALISATIONS

ALGER	TUNIS
Rampe Magenta, voûte n° 2.	Avenue de la Marine.

ENTREPOSITAIRE POUR L'ALGÉRIE ET LA TUNISIE

des Hauts-Fourneaux et Fonderies de Brousseval (Haute-Marne)

Maison d'Optique et Atelier de Gravure

ARTISTIQUE ET COMMERCIALE

JUMELLES DE THÉATRE

MARINE, CAMPAGNE

LONGUE-VUE

Thermomètres

Baromètres, Manomètres

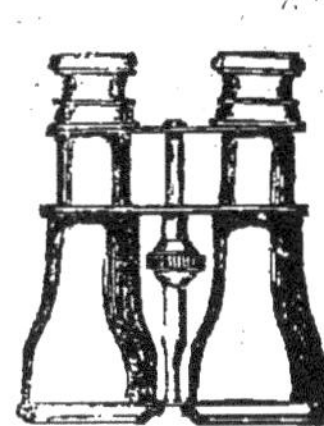

LUNETTES, PINCE-NEZ

ACIER, OR, ARGENT, NICKEL

FACE A MAIN

Boussoles

Boîte de Mathématiques

Et Compas séparés

S. LÉON

OPTICIEN-GRAVEUR

12, Rue Bab-Azoun, 12, passage de la Banque

ALGER

Fournisseur des Travaux du Gouvernement, Banques, Chemins de fer et principales Administrations.

ALAMBICS, EBULLIOMÈTRES, PÈSE-LIQUIDES EN TOUS GENRES

ALCOOMÈTRES, PÈSE-VINS

Spécialité pour **Timbres à tampon, Marque à bouchons, Estampilles, Marque à feu et Poinçons en acier, Gravure héraldique.**

FABRIQUE DE TIMBRES & GRIFFES

EN CAOUTCHOUC VULGANISÉ

TIMBRAGES EN COULEUR POUR PAPIER DE LUXE

Sonneries et Signeaux électriques, Téléphones, Porte-voix, Eclairage électrique

INSTRUMENTS DE CHIRURGIE

Guide pratique du Vigneron algérien.   12

CIMENT PORTLAND GRAPIER ET CHAUX HYDRAULIQUE LAFARGE

SOCIÉTÉ L. & E. PAVIN DE LAFARGE

Seuls propriétaires des carrières et usines de Lafarge du Tell
et de l'usine d'Hussein-Dey pour les matériaux en ciment comprimé.

CAPITAL SOCIAL, 6,000,000 DE FR.

BUREAUX ET CAISSE : ALGER, 2, RUE ARAGO, ALGER

Entrepôt : Quai de la République, voûtes 47 et 52, en face la Compagnie Transatlantique, Alger

USINE A HUSSEIN-DEY

pour la fabrication des matériaux artificiels en ciment comprimé

TUYAUX POUR CONDUITES D'EAU DE TOUS LES DIAMÈTRES

PONCEAUX, EGOUTS ET AQUEDUCS

DALLES ET CARRELAGES MOSAIQUES en tous genres

BRIQUES ORDINAIRES, MOULURÉES ET A JOUR

BRIQUES CINTRÉES A CROCHETS POUR CUVES, BASSINS, RÉSERVOIRS, ETC.

PIERRES ARTIFICIELLES

pour encadrements de portes et de fenêtres sur tous les profils.

BALUSTRES ET BALUSTRADES DIVERSES

VASES, BASES, CHAPITEAUX DE PILIERS

COLONNES

AVEC CHAPITEAUX ET BASES DE TOUTES DIMENSIONS (STYLES DIFFÉRENTS)

BASSINS POUR JARDINS, VASQUES POUR JETS D'EAU

RÉSERVOIRS, ABREUVOIRS, BORNES-FONTAINES

MANGEOIRES POUR BESTIAUX

DALLES POUR LAVOIR

Fabrication de tous matériaux sur commande selon le profil
désigné.

REPRÉSENTANTS

A Bône, M. ESBÉRARD.
A Bougie, M. MISSUD BONNICI.
A Constantine, M. JULES MASSON.
A Orléansville, M. EMM. GUARINOS.
A Philippeville, M. M. SCHEMBRI.
A Tunis, MM. DAVID et FABRE.
— M. Laurens.

Médaille d'Or Exposition Internationale de Nice 1884

CHAUX ÉMINEMMENT HYDRAULIQUE

DE CONTES-LES-PINS (NICE)

CIMENT PORTLAND

CIMENT A PRISE PROMPTE

PLATRE

TOMETTES DE SALERNES

Pans carrés d'Aubagne

DALLES EN CIMENT

MATÉRIAUX DIVERS

Mme Vve E. MERAZZI & FILS

BUREAU : RUE DU SOUDAN, 1, ALGER

ENTREPOT POUR LES MATÉRIAUX : VOUTE 98

En face la Gare d'Alger

MAISON DE CONFIANCE FONDÉE EN 1864

ALIBERT

ARQUEBUSIER

ALGER, *Rue Bab-Azoun, 18, et rue de la Flèche, 1,* ALGER

MAISON DE DROGUERIE

FONDÉE EN 1845

EUGÈNE HUM

9, RUE DE LA MARINE, 9, ALGER

PRODUITS CHIMIQUES, PEINTURES, TEINTURES

Brosserie en Tous Genres

ESSENCES, COULEURS ET VERNIS

Dépôt de Verres à Vitre du Nord, et des Vernis Nobles Hoares

HUILES A GRAISSAGES ET ARTICLES POUR MACHINES A VAPEUR

Soufres Sublimé Trituré et Minerai pour la Vigne

ATELIER DE TONNELLERIE EN TOUS GENRES

TRANSPORTS, BORDELAISES, SIXAINS ET BARILS

Vincent SELVA

RUE VALENTIN, AGHA-SUPÉRIEUR

Réparations en tous genres

TABLE DES MAISONS RECOMMANDÉES

PAGES.

APERT-MANDART. — Spécialité de Pressoirs à Vin................. XI

APERT-MANDART. — Spécialité de Pressoirs à Vin................. XXXII

C. AYME. — Armes de luxe de St-Etienne, etc................... XXXVII

ALIBERT, arquebusier...................................... XXXVIII

BROQUET. — Construction générale de Pompes pour tous usages... I

J. BOULET et Cie. — Spécialité de Machines à vapeur........... II

Belle Propriété à vendre à Guyotville....................... XXVI

A. BAJAC. — Construction d'Instruments aratoires............. XXI

CHEVALIER-APPERT. — Pulvérine d'Appert..................... XII

H. CLÉMENT et Cie. — Au Bon Jardinier....................... XXIII

F. CLAIRIN. — Matériaux de construction..................... XXVII

DURIEZ. — Quinoïdine Duriez................................ XVII

DEROY Fils aîné. — Nouvel Alambic brûleur.................... XX

EGROT. — Appareils fixes ou Locomobiles..................... VIII

Eugène HUM. — Maison de Droguerie........................ XXXIV

FRUHINSHOLZ Frères. — Tonnelleries mécaniques............. XXXII

GRANGE Jeune. — Spécialité de Sécateurs algériens........... III

E. GALZY. — Insecticide Galzy............................... XVII

GÉNEAU. — Liniment Géneau................................ XVII

GAY et CASQ. — Foudres et Cuves........................... XXVIII

J.-B. GAROIAS. — Pressoirs et Pompes à Vin................. XXX

Henri LANZ. — Nouvelles Charrues défonceuses *Lanz*........ XI

L. HUET et BEUDON. — Constructions Industrielles et Commerciales, XXXIV

H⁰ MARTEL. — Grand Entrepôt de Matériaux de construction.... XXII

JEUNET fils. — Veilleuses françaises......................... III

Julien BILLIARD. — Instruments agricoles de toutes natures....... XXIV-XXV

B.-F. JURAMY Frères. — Dépôt général du véritable Minerai de
   Soufre trituré d'Apt.................................... XXXI

E. LAURÉOUX. — Robinets en métal blanc..................... VI

Léonard PAUPIER. — Construction d'instruments de pesage....... XIX

Léon CAILLAT et POIRSON. — Instruments vinicoles et viticoles.... XXIII

M.-C. LRROUX. — Office du Génie agricole et viticole........... XXVII

LEGOUT et PEYRON. — Importation directe des Soufres de Sicile.... XXIX

L'ALGÉRIE, Société d'Assurances mutuelles contre la Grêle........ XXXI

S. LÉON. — Maison d'Optique et Atelier de Gravure............. XXXIII

MONDOLLOT. — Appareils Gazogènes continus............................. XIV

MABILLE Frères. — Pressoir universel................................... XIX

MAGER. — Caoutchouc Mager XXIX

Mᵐᵉ veuve E. MERAZZI et Fils. — Chaux éminemment Hydraulique. XXXVII

L. NEUT. — Pompes Centrifuges... XVIII

H. NARET. — Annuaire Algérien-Tunisien................................ XXX

J. OLLAGNIER. — Construction spéciale de Pressoirs mécaniques.. V

Paul GAGE. — Véritable Elixir du Dᵣ Guillié........................... XV

Paulin BRISSONNET. — Entrepôt de Soufre de Sicile.................... XXVI

A. PATURAUD. — Tuyaux en Fonte....................................... XXXI

A. PAPET et J. VIAROZ. — Matériaux de construction................... XXXVI

RITTER. — Nouvelles Pompes spéciales.................................. VI

D. SAVALLE fils et Cⁱᵉ. — Appareil de Distillation des Vins......... IV

SCHLUMBERGER et OERCKEL. — Conservation des Vins et des Moûts
  par l'Œnosalicylique IX

Société L. et E. PAVIN DE LAFARGE. — Ciment Portland Grapier... XXXV

E. TURBIAUX. — Le Protector XVI

Veuve PIC, Hⁱˢ. — Pompes rotatives VII

F. Victor LEBEUF et Cⁱᵉ. — Amélioration, clarification et fabrication des Vins, etc... X

VERMOREL. — Construction spéciale de Pressoirs à Vin XIII

VERNEY-CARRON Frères. — Fabrique d'Armes de chasse et de tir... XV

Veuve RAYNAUD et Cⁱᵉ. — Carrelages Mosaïques Algériens.......... XXXVII

Vincent SELVA. — Atelier de Tonnellerie en tous genres............. XXXIX

Imprimerie de l'Association ouvrière, P. FONTANA et Cⁱᵉ, rue d'Orléans, nᵒ 27.

ALGER. — IMPRIMERIE DE L'ASSOCIATION OUVRIÈRE, P. FONTANA ET Cⁱᵉ

Rue d'Orléans, 27.

www.ingramcontent.com/pod-product-compliance
Ingram Content Group UK Ltd.
Pitfield, Milton Keynes, MK11 3LW, UK
UKHW021904070726
13613UKWH00001B/328